Jola Rappl · Walze contra Himmelreich

Jola Rappl

Walze contra Himmelreich

Wann beginnt die Evolution des Menschen?

FOUQUÉ LITERATURVERLAG

Die Deutsche Bibliothek - CIP-Einheitsaufnahme
Rappl, Jola: Walze contra Himmelreich - Wann beginnt die Evolution des Menschen?: / Jola Rappl.-
Egelsbach ; Frankfurt (Main) ; Washington: Fouqué, 1998
ISBN 3-8267-4130-7
NE: GT

©1998 Fouqué Literaturverlag
Imprint der Verlagsgruppe Dr. Hänsel-Hohenhausen®
Egelsbach · Frankfurt a.M. · Washington

Verlage in der Schillerstraße
Boschring 21-23 · D-63329 Egelsbach
Fax 06103-44944 · Tel. 06103-44940

ISBN 3-8267-4130-7
Erste Auflage
1998

Dieses Werk und alle seine Teile sind urheberrechtlich geschützt.
Nachdruck, Vervielfältigung in jeder Form, Speicherung,
Sendung und Übertragung des Werks ganz oder
teilweise auf Papier, Film, Daten- oder Ton-
träger usw. sind ohne Zustimmung
des Verlags unzulässig und
strafbar.

Printed in Germany

Inhaltsverzeichnis

Vorwort 7

Erstes Kapitel 9
- Strukturen 9
  - Die Pflanze 12
  - Das Tier 12
  - Der Mensch 13
  - Asyle als Schutz 16
  - Nicht erwachsen werden wollen 16
  - Anbindung an Fremdstrukturen 20
  - Härte, Gefühle abtöten, in Erstarrung fallen 23
  - Allmacht des Intellekts 25

Zweites Kapitel 34
- Der Weg I 34
- Der Weg II 48
  - Christine 48
  - Gertrude 48
  - Georg 51
  - Die neue Wohnung 54
  - Jugendjahre 84

Drittes Kapitel 93
- Gespräche 93
  - Die Walze 93
  - Liebe 99
  - Zeit 103
  - Schmerz und Tod 107

Nachwort 115

Vorwort

Diese Schrift befaßt sich mit dem Menschen in unserer heutigen, immer kälter werdenden Weltwirklichkeit, mit der Weise, wie der Mensch soziales Miteinander abbaut und durch Ausbeutung des Mitmenschen, der Tiere, der Pflanzen und der Erde sich rücksichtslos Macht und Geld beschafft.

Ich zeige Strukturen auf, die der Mensch aufgebaut hat, um seinen Ängsten zu entfliehen. Strukturen, die wie Asyle sind, in denen er sich einigermaßen sicher fühlt. Solche Schutzhaltungen richten sich gewöhnlich gegen das Leben und damit auch gegen Lebewesen. Seit Jahrtausenden hat sich daran nichts geändert, und auch die Auswirkungen ändern sich nur insoweit, als sie durch technische Möglichkeiten an Vielfältigkeit der Ausbeutung und Vernichtung zugenommen haben. Wie sich das im Alltag zeigt und immer wieder an die nächste Generation, wenn auch in veränderten Formen, weitergegeben wird, versuche ich bewußtzumachen. Das ist jedoch nicht das Hauptanliegen dieser Schrift, es gehört jedoch zur Erklärung dazu.

Der Kern liegt darin, aufzuzeigen, daß der Mensch in seiner Entwicklung steckengeblieben ist. Es wurde sehr viel Wert darauf gelegt, intellektuelle Fähigkeiten zu entwickeln und Wissen zu erlangen. Jedoch wurde die andere Seite des Menschen, die Gefühle und Sensibilität beinhaltet, sträflich vernachlässigt. Gefühle waren zumeist verpönt. Gerade mal im künstlerischen Bereich wurden sie geduldet, zeitweilig auch in oberflächlicher, modischer Form als Zeitgeschmack benutzt.

Zumeist treten Gefühle in Negativform auf, denn von wirklicher Kultivierung dieser Möglichkeit im Menschen kann gar nicht gesprochen werden.

Wir alle kennen fließende Strukturen, die große Potentiale an Kraft in sich bergen, die der Mensch schon immer für seine täglichen Bedürfnisse benutzt hat, wie z. B. Luft, Wind, Wasser, Feuer. Elektrizität und Atomkraft haben die Möglichkeiten noch erheblich verstärkt. Darüberhinaus existiert eine Dimension von gewaltiger fließender Kraft, von der alle Religionen sprechen, die aber in Wirklichkeit noch kaum tragenden Zugang zum einzelnen Menschen gefunden hat. Es ist der alles Leben schaffende göttliche Strom, ohne den es kein Lebewesen und kein Universum gäbe. Kaum vorstellbar, wie diese Kraft in unseren Alltag hinein wirken könnte, hätten wir die Möglichkeit sie zu nutzen. Es wäre möglich, würden wir die Welt der Gefühle so kultivieren und entfalten, wie wir unsere Ratio entwickelt haben. Sensoren müßten wir in uns gestalten, die diese Kraft wahrnehmen und nutzbar werden ließen.
Ich versuche, Möglichkeiten und Wege dahin aufzuzeigen.
Aufgeteilt ist die Schrift in drei verschiedene Darstellungen. Der erste Teil zeigt einige der wichtigsten Strukturen auf, die der Mensch sich zu seinem Schutz geschaffen hat, und ihre Auswirkungen. Der zweite Teil befaßt sich mit dem Weg, diese Verfilzungen aufzubrechen, um zu anderen Horizonten zu gelangen. Der dritte Teil setzt sich aus Gesprächen zusammen, die das vorher Gesagte noch einmal vertiefen.

Erstes Kapitel

Strukturen

Grundsätzlich möchte ich die Vielfalt der Strukturen aufteilen in fließende, die nicht von Menschenhand geschaffen wurden, sondern ein Teil der Schöpfung sind, und in feste, die der Mensch sich als Hilfen zum Leben geschaffen hat. Das Fließende ist veränderlich. Es kann gebunden und auch ungebunden sein. Aus unserem Alltag kennen wir das Wasser, die Luft, das Feuer. Immer schon wurden diese Elemente von Menschen genutzt, da sie Kräfte darstellen, die weitaus stärker sind als Menschenkraft und die im Bereich des täglichen Lebens eingesetzt wurden.

Eine für uns gar nicht sichtbare Kraft ist die Elektrizität. Wir können sie erst wahrnehmen, wenn sie an feste Strukturen gebunden ist, die Licht und Wärme erzeugen. Sie ist eine Kraft, die überall vorhanden ist, aber erst durch Reibung wirksam wird. Eine geheimnisvolle Kraft, die, wie wir wissen, ein erstaunliches Potential in sich birgt, wenn sie nutzbar gemacht wird. Für uns „Heutige" ist es kaum vorstellbar, ohne ihren Nutzen im Alltag leben zu können. Dabei ist es noch nicht lange her, daß man Strom über Reibung entdeckte. Es war 1786, als Luigi Galvani, ein italienischer Naturforscher, bei Versuchen mit Froschschenkeln Elektrizität entdeckte, die durch chemische Wirkung zwischen Metall und einem Leiter zweiter Klasse, z. B. einer verdünnten Säure, entsteht (Galvanische Elektrizität).
Hundert Jahre später fand der Physiker Heinrich Hertz die elektrischen Wellen. Versuche bildeten in der Folgezeit die Grundlagen für drahtlose Telegrafie und Telefontechnik sowie den

Rundfunk. Hertz entdeckte auch den Einfluß ultravioletter Strahlen auf die elektrische Entladung.
Man kann wohl von einer Revolution im Bereich der energetischen Kräfte sprechen, die daraus erfolgte. Bis dahin konnte der Mensch seine eigenen Kräfte und die der Tiere einsetzen. Auch die des Wassers, des Windes und des Feuers. Aber etwas so Gewaltiges wie die Möglichkeiten der Elektrizität war unvorstellbar. Die Welt erfuhr bis heute eine totale Wandlung in allen Bereichen des täglichen Lebens. In der Folge war die Arbeit mit der Hand immer weniger gefragt. Auch die Tiere wurden befreit von ihren mühsamen Lasten und der Quälerei, die der Mensch ihnen durch die Schwere der Arbeit auferlegt hatte.

Unheimlicher und für uns um vieles gefährlicher ist die Atomkraft. Das kleinste Teilchen eines chemischen Grundstoffes, das anfangs als unteilbar galt, wird durch die Spaltung zu einer ungeheuer zerstörenden Kraft. Sie ist mit radioaktiver Strahlung verbunden, die alles Lebende zerstört. Atomkraft positiv zu erschließen, ist bis heute nicht wirklich gelungen. Sie entzieht sich unserem Willen und den Möglichkeiten, sie friedlich nutzen zu können. Der kleinste menschliche Fehler läßt sie zum Ungeheuer werden. Die große Angst der Bevölkerung ist berechtigt. Es scheint eine Kraft zu sein, die sich durch den Menschen in seiner Kleinheit nicht bändigen läßt. Sie ist selbständig. Mit der Entdeckung und der Handhabung dieser Kraft hat der Mensch Geister geweckt, die unsere Welt total zerstören können. Besonders dann, wenn sie bewußt zu Kriegszwecken eingesetzt würde, doch nicht nur dann. Das wissen wir durch die Kraftwerke; Tschernobyl hat uns auf die unberechenbare menschliche Handhabung dieser Kräfte aufmerksam gemacht.

Noch unfaßbarer ist der göttliche Lebensstrom. Er ist zwar in jedem lebendigen Wesen sichtbar, aber woher er kommt und wohin er geht ist für uns Geheimnis. Wir wissen, daß Lebenssubstanz eine ungeheure Kraft besitzt, ein Wunder, dem wir

unsere Welt verdanken, alles Leben und uns selbst. Geist, der aus der Schöpfung fließt, bedeutet ungeheure Möglichkeiten, Weiten und Tiefen. Ein Geist, für den es vermutlich nichts Unmögliches gibt. Die festen Körper fassen diesen Geist in eine für uns sichtbare Form. Schöpfung ist so sichtbarer Geist geworden. Eine lebensfähige Struktur beinhaltet lebendigen Geist, der wirkend die Struktur bildet und zusammenhält. Da sind die vielen Formen und Arten von Pflanzen und Tieren, die einst aus diesem Geist wuchsen: Erde, Sterne, der gesamte Kosmos. Struktur ist in gewisser Weise Knochengerüst, das der Wahrnehmung des Lebens im Irdischen dient. Es ist sichtbar gewordener Geist, der jedoch nur dann dem Lebendigen nützt, wenn das Gleichgewicht zwischen Geist und gestalteter Struktur stimmt. Der Körper wird benötigt zum Dasein in unserer irdischen Welt. Er verfügt über die unglaublichsten Mechanismen, um überleben zu können. Er ist ein grandios zu einer funktionellen Lebenseinheit zusammengefügtes Instrument.
Entsteht ein Mißverhältnis zwischen dem Körper und dem Fließenden, entstehen Störungen. Was das bedeutet, kennen wir bei allen elektrisch gesteuerten Geräten. Schon der kleinste Defekt blockiert. Um ein Vielfaches empfindsamer reagiert ein lebendiger Körper. Er besitzt ja nicht nur Mechanismen, die vom Gehirn gesteuert werden, sondern auch für ihn wahrnehmbare Teilaspekte des universellen Geistes, er besitzt Gefühl und eine Seele. Die empfindsamen Weichteile des Körpers werden durch Knochengerüst, Knorpel, Bänder und Muskeln besonders geschützt, weil ihre Funktionsunfähigkeit den Tod bedeuten kann. Jedoch noch gefährdeter sind Seele, Geist und Gefühl.
Daraus resultiert, daß der Mensch sich selber seelisch-geistige Strukturen aufbaut, um überleben zu können.

Die Pflanze

Das Erste was aus der Erde wuchs, war die Pflanze. Vielleicht ist sie das geheimnisvollste Geschöpf auf unserer Erde. Ohne sie ist ein Leben der anderen Geschöpfe nicht denkbar. Pflanzen schaffen unentwegt mit an der Atmosphäre, die uns die Luft zum Atmen gibt. Sie verwandeln Stickstoff in Sauerstoff. Sie beeinflussen auch die klimatischen Verhältnisse. Als die Gestalt der Pflanze aus der Schöpfung erwuchs, wußte sie, daß sie dem Leben anderer Geschöpfe, die nach ihr kommen würden, zur Nahrung und Heilung dienen muß. Wäre dieses Wissen nicht, hätte sie sich gar nicht dahingehend entwickeln können. Immer ist es der zielgerichtete Geist, der die Struktur werden läßt. Sie ist das einzige Geschöpf auf der Erde, das nicht um seine Existenz kämpfen mußte. Es hat seine Wurzeln in der Erde. Und die Erde nährt diese Geschöpfe mit ihrer Fülle. Die Pflanze brauchte weder List noch Gewalt anzuwenden und mußte kein Mitgeschöpf töten, um selber leben zu können. Die Erde selber schafft das Gleichgewicht des Wachstums. Das ist Verkörperung einer Harmonie, nach der sich wohl alles Lebendige sehnt.

Das Tier

Das Tier gestaltete sich in ganz anderer Weise. Vom Mutterboden war es abgenabelt, es suchte sich selber Lebensmöglichkeiten. Erst im Wasser, dann auf dem Land und in der Luft. Da es keine Wurzeln in der Erde besaß, die es hätten nähren können, war es viel schwierigeren Verhältnissen ausgesetzt. Es mußte sich auf bestimmte Nahrungsweisen festlegen und eine entsprechende Körperstruktur aufbauen. Eine Kuh ist ein Wiederkäuer, sonst könnte sie das viele Gras gar nicht verdauen. Ein Ameisenbär braucht den langen Rüssel, um die Ameisen fangen zu können. Dann ist da die Angst, die sie entwickeln mußten, weil die Tiere begannen, sich gegenseitig zu fressen. Sie mußten sehr viel List aufwenden, um Schutzfunktionen erwachsen zu lassen.

Vermutlich ist so auch der Traum vom Fliegen entstanden. In der Luft war die Gefahr nicht groß, und man konnte sich schnell vom Boden weg erheben. Den Tieren ist viel eingefallen, um sich wehren zu können: Panzer, Stacheln, Krallen, Gift, Flügel, Gestank, Verfärbungen der Haut, Höhlenbau, tragbare Häuser, mächtige Körper, starker Geruchsinn. Teils zum Schutz, aber auch zum Aufziehen der Nachkommen bildeten sie Gemeinschaften, kleine, große bis hin zu staatenbildenden Insekten. Welch eine Unmenge vielfältigster Körper- und Lebensformen daraus entstanden sind, weiß jeder.

Der Mensch

Für den Menschen gestaltete sich das Leben auf dieser Erde sehr viel schwieriger als für das Tier. Das Tier hat seine Problematik, auf dieser Erde Lebensmöglichkeiten zu entwickeln, gelöst. Wenn auch nicht immer in einer Form, die ein empfindsamer Mensch gutheißen kann. Sicher ist aber, daß ein Tier nicht aus blinder Wut, Rach- oder Machtsucht oder aus Lust am Töten ein anderes Tier umbringt. Sie haben ihre Lebensformen voll entwickelt, im körperlichen wie auch im sozialen Bereich. Kämpfen müssen sie auch, aber in einer vorgegebenen Ordnung, die jeweils die bestmögliche Lebensform darstellt. Ängste haben sie auch, aber trotzdem ruht jedes Tier in sich selbst, in seiner bestehenden Eigenart.
Ganz anders der Mensch. Der Mensch hat seine Form noch nicht gefunden. Er ist immer noch so etwas wie Rohmaterial, das zu formen er aufgerufen ist, so wie einst die Pflanzen und Tiere aufgerufen waren. Da die Möglichkeiten des Menschen erweitert sind, also um ein Vielfältiges größer wurden, eröffneten sich auch ebenso viele Möglichkeiten an Fehlentwicklungen. Seine größte Problematik liegt darin, so kann man vermuten, daß er die Aufgabe hat, den Himmel auf dieser Erde zu verwirklichen. Das heißt, den göttlichen Geist in einer lebensfähigen

Form sichtbar werden zu lassen, die der Schöpfung dient und aus Liebe gegossen ist. Das würde heißen, daß der Mensch seine Wahrnehmungsmöglichkeiten, göttlichen Geist ins Bewußtsein einzulassen, in äußerst sensibler und weitgreifender Weise entfalten müßte.

Betrachten wir unsere Entwicklung auf dieser Welt, so ist davon nicht viel zu bemerken. Die Religionsstifter und Propheten haben es versucht. Aber die große Masse lebt auf einem ganz anderen Niveau. Seit ihrer Entstehung kämpft die Menschheit immer noch um einen Platz auf dieser Erde und befindet sich dabei auf der gleichen Ebene wie das Tier. Nur die Mittel, mit denen sie das tut, sind ungleich brutaler. Der Zank beginnt schon in der kleinsten Gemeinschaft. Einer will dem anderen überlegen sein. Und weil das nicht möglich ist, wird der Schwächere gezwungen, dem Stärkeren zu dienen. Und je nach den sozialen Qualitäten des Stärkeren wird der Schwächere ausgebeutet, verachtet, getreten oder auch in positiverer Form immerhin geachtet und belehrt. Wie das im Alltag aussieht, weiß jeder. Tagtäglich erfahren wir durch die Medien wie das auf äußerst bestialische, scheinheilige, hinterlistige oder auch betrügerische Weise vor sich geht – in allen Bereichen des Lebens. Intelligenz wird in großem Maße für diese beschämende Weise miteinander umzugehen mißbraucht. Es gibt auch wirklich humane Arten miteinander zu leben, das ist klar. Sonst hätten wir ja schon die reine Hölle auf der Erde geschaffen. Aber Formen eines humanen Umgangs in größerem oder gar großem Stil hat die Menschheit bisher nicht verwirklichen können. Die viel stärkere Seite ist die Kraft des Bösen. Um zu versuchen, den Grund dafür zu finden, muß man – so denke ich – auf die Gefühlswelt des Menschen zurückgreifen. Der Ausgangspunkt ist die Angst. Ein Tier, wenn es auf die Welt kommt, lernt von seinen Eltern eine vollkommen ausgebildete, strukturierte Verhaltensweise, die es zum Überleben benötigt. Es hat also einen festen Rahmen um sich, der es schützt und in einer vorgegebenen Weise leben läßt. Ängste hat es auch, aber doch mehr zum Schutz und zu seiner Erhaltung.

Der Mensch hat diese Schutzhülle nicht. Er steht vor der fast unlösbaren Aufgabe, eine solche zu finden. Um den Ängsten zu entfliehen, begann er die verschiedenartigsten Strukturen zu suchen, die ihn schützen sollten. Die erste war sicher die Gruppenbildung, die Familie, die Kinder mußten geschützt aufwachsen können. Und das konnte nur mit aggressiver Abwehr von Eindringlingen geschehen oder positiv mit höflichen Verhaltensformen und Abstecken des persönlichen Lebensraums. Dadurch entstanden Höflichkeitsformen, Bräuche und Sitten, eine friedliche Möglichkeit zu leben, wenigstens für die sich zusammenfindende Gruppe. Der Einzelne mußte sich den Regeln unterwerfen. Eine Möglichkeit, die auch die Tiere schon gefunden hatten. Je größer die Gruppenverbände wurden, um so mehr Schutz boten sie nach außen. Aber sie brauchten feste Regeln, um den inneren Frieden zu sichern und als Verband funktionsfähig zu bleiben. Gebote und Verbote wurden geschaffen, folgerichtig auch Strafen. Wie ein Rudel sich das stärkste Tier zum Leittier macht, so wurden auch im Gruppenverband führende Menschen benötigt. Dies waren die Ältesten mit ihrer Lebenserfahrung, die Weisen und Klugen oder auch die Stärksten, die im Kampf siegten. Später waren es dann die Reichen und Edlen. So begann der Machtkampf nach innen. Macht bietet Schutz. An die Macht zu gelangen, wurde im Kleinen wie im Großen für den Menschen einer der stärksten Überlebenstriebe. Geld und Besitz oder die Herkunft wurden Mittel zur Gewinnung von Macht, auch List, Betrug, Verleumdung und Erpressung. Diese Struktur wird bis heute in äußerster Lebendigkeit gelebt, daran haben alle Religionen, Propheten, Friedensstifter, Dichter und Denker nichts ändern können.

Asyle als Schutz

Weil jeder Mensch in eine angstbesetzte Welt hineingeboren wird, muß er auch jeweils für sich selbst ein Asyl suchen, im dem er, wenn auch nur in scheinbarer Sicherheit, existieren kann. Asyle bergen jedoch große Gefahren in sich, immer sind sie eine Abspaltung zum Leben hin. Eine solche Abspaltung kann eine Zeitlang Schutz bieten, läßt aber auch Teile des Menschen verwesen und wird so zum Leichengift, das den ganzen Menschen erfassen kann. Es gibt viele Formen und Variationen von Asylen, ich möchte einige der wichtigsten beschreiben.

Nicht erwachsen werden wollen

Ein Kind ist in einer sozialfähigen Familie weitgehend geborgen. Es erlebt die Welt in diesem kleinen Umkreis. Hier lebt es geschützt, es wird versorgt. Die Eltern lieben es und geben ihm Weisungen, wie es sich nach außen hin verhalten soll. Ist das Kind voll angenommen, vertraut es den Eltern und erlebt den Alltag ziemlich sorglos. Solche Kinder sieht man fröhlich und kreativ. Sie strotzen vor Lebensenergie und sind ständig in Bewegung. Der Erlebnisdrang ist ungebrochen. Doch gewöhnlich erlebt ein Kind solche Unbefangenheit nicht lange, weil die Eltern keine für sich befriedigende Lebensform gefunden haben. Sie sind selber Gefangene. Eltern geben ihren Kindern das mit, was sie selber besitzen. Und in irgendeiner Form besitzen sie fast alle Lebensängste und Unfreiheiten. Zwangsläufig überträgt sich dieses auch auf das Kind. Hat ein Mensch eine Weile glückliche Geborgenheit erlebt, sehnt sich der Heranwachsende danach, sobald er auf Schwierigkeiten stößt und im Elternhaus nicht gelernt hat, damit umzugehen und sie zu bewältigen. Das können verwöhnte Kinder sein, denen die Eltern alle Schwierigkeiten abnahmen, weil ihr Kind es besser haben sollte, als es ihnen selber ergangen war, oder Kinder, die immer ganz brav sein mußten, keine Widerworte geben durften und deren eigener

Wille ständig beschnitten wurde, oder auch solche, deren Mütter sie nicht erwachsen werden lassen, aus Angst sie zu verlieren. Vorstellbar ist für das allzu behütete Kind die Angst, mit den vielen Reizen, die von außen kommen, nicht angemessen umgehen zu können. Vielleicht haben die Eltern das Kind nach außen hin so abgeschirmt, daß es keine eigenen Erfahrungen sammeln konnte, nicht genügend Freiraum und Spielgelegenheit hatte. Im Freiraum begegnen dem Kind auch Widerstände und Gefahren, und es muß lernen, alleine mit diesen auf irgendeine Weise fertig zu werden. Das fördert die Suche nach vielfältigen Möglichkeiten. Auch lernt das Kind, sich zu wehren und sich mit anderen Kindern oder Erwachsenen auseinanderzusetzen. Und wenn es sein muß, lernt es auch frech zu sein und sich durchzusetzen. Das sind Dinge, die ein Mensch im Erwachsenenalter braucht, um den Alltag angstfrei zu leben. Hat ein Mensch solche Möglichkeiten nicht entfalten können, besteht die Gefahr, daß er als Erwachsener auf die einfachsten alltäglichen Dinge voller Angst reagiert, weil er sie gar nicht richtig übersehen und damit auch nicht einordnen kann. So muß er ja chaotisch reagieren. Die Folge kann sein, daß er den Radius um sich ganz eng zieht, um Schutz zu finden.

Ein Kind ist auch neugierig und geht auf Entdeckungsreise. Es ist interessiert, alles zu sehen und kennenzulernen. Wenn diese natürliche Freude am Neuen, ganz anderen von Eltern gebremst wurde, womöglich noch mit Repressalien irgendeiner Art, muß man sich nicht wundern, wenn diesem Menschen Interesse in weitem Sinne fehlt. Dies ist ein Erkenntnisrückstand, der sehr unsicher macht, nach dem Motto: Alles Fremde ist unheimlich, nicht durchschaubar. Und weil nur das Überschaubare nicht verängstigt, ist so ein Mensch fast gezwungen, eine Enge aufzusuchen, in der er sich wohl fühlt. Eltern, besonders die von Einzelkindern, sind ja oft nicht nur sehr ängstlich, daß dem Kind ja nichts zustößt, sie möchten zudem auch noch, daß ihr Kind hübsch und adrett aussieht und einen guten Eindruck auf andere macht. So ein Kind darf nicht herumtoben, sich verletzen oder laut herumschreien. Es darf sich auch nicht allzu schmutzig machen oder gar mit zerrissenen Kleidern nach Hause kommen. Ja, und mit alten Sachen, die schon gestopft sind, kann man doch „sein" Kind nicht sehen lassen! Gefahren bestehen im Freiraum immer. Darum kann ich auch die Eltern verstehen. Vor wirklichen Gefahren können Eltern auch aufklären. Doch Gefahren, die ein Kind bewältigt hat, machen es selbstsicher und stark. Fehlt eine solche Entwicklung, wird dies im späteren Leben zum Bremsblock, wirklich leben zu können.

Eine Unsitte Erwachsener ist die Art, dem Kind immer zu zeigen, wie man etwas richtig macht. Das sind die Herrschsüchtigen, die das Kind nicht spielen und tun lassen können, was es will. Es kann malen, und es wird ihm gezeigt, wie man das richtig macht. Es kann singen und trällern, es wird ihm gezeigt wie es richtig ist, usw. Entscheidungsfreiheit wird kräftig gestutzt und das Selbstwertgefühl dazu. Jedes Kind hat seine Kreativität und die Lust am Tun überhaupt. Aktiv sein, heißt immer mit Lust an eine Arbeit zu gehen. Wenn die Lust fehlt, ist auch kein Antrieb mehr da.

Ein solcher Mensch wird seine Erwartungen nicht an sich selbst stellen. Das heißt, daß seine Triebkraft weniger darauf gerichtet ist, sich seinen Platz in der Welt aus eigener Kraft zu erobern und zu erkämpfen. Die Erwartungen werden viel eher an andere Menschen gerichtet und zwar so, daß sie sich für ihn engagieren. Er wünscht es nicht, selbständig zu sein, er wünscht das Geborgensein zwischen den sorgenden Eltern, verwöhnt und bewundert zu werden, ohne allzu große Gegenleistung. Hat ein Mensch in seiner Kindheit und Jugend nur diese eine Wirklichkeit ganz ungestört gelebt, kann er kaum eine andere Vorstellung entwickelt haben. Und daß eine solche Haltung für ihn nicht gut ist, ist auch schwer begreifbar, denn er will ja nur das Gute und Schöne.

Im Alltag zerbrechen solche Wünsche, wenn nicht so ein Mensch das ganz große Glück hat, einen Partner zu finden, der sich seinerseits freut, ein ewiges Kind, auch wenn es ein vergreistes ist, „betüteln" zu können. Doch meist hat die Geschichte andere Gesichter. Ein Mensch mit solchen Wünschen sucht sich oft den starken Partner, der das entwickelt hat, wozu er selber keine Lust verspürt. Und weil jeder Mensch seine Schwierigkeiten mit sich selbst und dem Leben hat, lassen die Reibungen nicht lange auf sich warten, die da sind: Ärger über Interesselosigkeit, den Verpflichtungen im Alltag nachzukommen, über stetige Nörgelei, daß man sich den Partner ganz anders vorgestellt hat und nun enttäuscht ist. Auf der „Kindseite" entsteht auch Nörgelei darüber, daß der Partner Interessen nachgeht, an denen das „Kind" nicht interessiert ist. Hier gibt es auch Ärger darüber, immer belehrt zu werden, beherrscht zu werden, über Wutausbrüche des anderen oder auch darüber, mißachtet zu werden. Man kann sich auch den Zorn und die Enttäuschung eines Menschen vorstellen, der selber hart hat kämpfen müssen und nun ein verwöhntes Kind an seiner Seite hat. Für solch ein verwöhntes Kind wird der Partner gern zum Spielzeug, das man auch in die Ecke schmeißen kann, wenn es nicht mehr passend ist.

Eine andere Situation: Zwei solche Unselbständigen finden zusammen. Je nach Anlage kuscheln sie sich zusammen, machen Gott und die Welt verantwortlich für ihr Unglück, verdächtigen andere ihnen nachzustellen und ihnen Böses zu wollen. Ist Intelligenz vorhanden, versuchen sie mit List und auch Betrug zu überleben. Oder sie werden beide depressiv – mit allen Folgen. Auch besteht die Möglichkeit, sich bis aufs Messer zu bekämpfen. Bei alledem wird kräftig übertragen: „Der andere ist schuldig."

Aber so muß es nicht aussehen. Immer kommt es darauf an, was ein Mensch auch noch an ethischen Werten von seinen Eltern mitbekommen hat. Die vielen Möglichkeiten sind sehr diffizil zusammengesetzt. Doch lassen sich ganz bestimmte Strukturen herauskristallisieren. Sicher ist, daß ein Mensch mit einem solchen Wunschbild nur reduktiv lebt und seine Möglichkeiten in negativer Weise entfaltet, nämlich gegen das Leben. Er kann sein wirkliches Potential nicht entwickeln, das ja jeder Mensch in sich trägt.

Anbindung an Fremdstrukturen

Eine weitere Schutzhaltung ist die Anbindung an Fremdstrukturen, entweder an Menschen oder an Ideologien. Die stark autoritäre Erziehung birgt diese Gefahren. Für einen Menschen, der nur Befehle erteilt bekommt, der für jede Verfehlung bestraft wird, zerbricht sehr leicht der Mut, zu sich selbst zu stehen. Und wenn er dann noch ständig zu hören bekommt: „Dir treib' ich deinen Willen schon noch aus!", womit meist Prügel verbunden sind, kann er sich schließlich nicht mehr dagegen wehren, daß sein Selbstwertgefühl zerstört wird. Da er aber leben will und muß, sucht er nach Vaterfiguren, die ihm Schutz und Lebensziele vermitteln können. Lebt er solche Fremdziele, ist für ihn – so glaubt er – die Gefahr nicht mehr so groß, etwas verkehrt zu machen. Zumindest braucht er es nicht mehr direkt auf sich zu beziehen. Damit entgeht er Frust und Bestrafung. Er kann auch in der Verehrung eines solchen Vorbildes sich selbst geehrt fühlen. Verantwortung wird so an den vermeintlich überstarken Menschen delegiert. Er muß Sorge tragen für das Wohl der Schwachen. Oder wenn das Vertrauen zum Menschen zerbrochen ist, bieten auch Ideologien solch einen Schutz. Was viele glauben und auch mit ihrem Leben bereit sind zu verteidigen, kann ja nur gut sein! Da können auch die kräftig angesammelten Aggressionen an andere weitergegeben werden. Das geschieht auch beim Unterschlupf bei einer Vaterfigur, denn schließlich gibt ein Mensch das weiter, was er in der Erziehung angesammelt hat. Gründlicher als in seiner Kindheit und Jugend kann ein Mensch gar nicht verformt werden. Er ist ja abhängig von seinen Eltern. Und die Möglichkeit, andere Formen des Aufwachsens zu beobachten und in Vergleich zu stellen, ist nicht immer gegeben. Ganz fatal wird es, wenn Menschen, die aus solchen repressiven Verhältnissen kommen, mit tiefgründigem Haß und Menschenverachtung zu solchen Schutzidolen werden. Hitler war so ein Mensch. Er allerdings verfügte über sehr starke aggressive Kräfte, die – gepaart mit Intelligenz, Machtwillen und magischer Überzeugungskraft – Menschen in seinen Bann schlagen konnte, Menschen, die zum Teil auch in wirklichen wirtschaftlichen Nöten standen, aber auch in starkem Maß diejenigen, denen eigener Wille und ein originärer Selbstwert fehlte. Die Hitlergeschichte ist ein grausames Beispiel, wohin eine solche Verformung des Menschen führen kann. Bis auf wenige herausragende Persönlichkeiten und solchen, die sich aus Angst verdeckt hielten, ist ein ganzes Volk einem Mann gefolgt, der durch und durch voller Haß gegen Menschen war, so daß er nur töten und zerstören konnte. Und fast alle sind mit ihm bis zur vollständigen Zerstörung gegangen. Dabei hat Hitler die gleichen Erziehungsmethoden angewandt, die den meisten Menschen gut bekannt waren und unter denen sie selbst leiden mußten.

Sie konnten darin ihr Elternhaus wiedererkennen. Denn wer in diesem Regime auch nur das leiseste Widerwort gab oder sich nicht ducken lassen wollte, kam ins Konzentrationslager oder wurde sofort getötet. Alles, aber auch alles wurde reglementiert, so daß die Möglichkeit, seinem eigenen Willen Ausdruck zu geben, unterbunden wurde. Damit schuf Hitler sich selbst Schutz, eine Kontrolle, die es ihm erlaubte, Gegner sofort zu liquidieren.

Ja, und das darf man einfach nicht übersehen, daß viele Männer bereit waren, ihrerseits friedliche Völker zu überfallen, zu zerstören, zu plündern, zu töten – mit dem Ehrenkodex: „Sie sterben für Volk und Vaterland." Und wie viele Menschen fühlten sich plötzlich stark und waren stolz, daß sie nun die Macht hatten, Menschen zu unterdrücken, zu denunzieren und zu quälen? So sieht das aus, wenn der eigene Wille deformiert ist und keine wirklich tragenden Wertvorstellungen vorhanden sind.

Die antiautoritäre Erziehung, die einen Protest darstellt gegen die autoritäre, zeigt, daß auch sie nicht tragfähig ist. Keine Grenzen zu setzen, das Kind aus sich selbst heraus entwickeln zu lassen, ist eine Überforderung des Kindes. Es löst starke Ängste aus und große Mängel von Orientierungsmöglichkeit. Ein Kind, das auf Erwachsene angewiesen ist, kann einer solchen Anforderung gar nicht gewachsen sein. Das sind Ideen, die sich Erwachsene selber wünschen, ohne an die Hilflosigkeit eines Kindes zu denken. Man kann auch sagen, der Erwachsene bürdet das, was er selber als Aufgabe entwickeln müßte, dem Kind auf. Ebenso die hemmungslose Lustentfaltung: Sie hat eher asoziale Züge entfalten lassen als soziales Verhalten. Ein Kind braucht schützende Wände um sich herum, um keine unnötigen Ängste zu entwickeln. Es braucht auch Orientierungshilfen, um das Leben meistern zu können. Für die Eltern ist es sehr einfach, alles laufen zu lassen. Dieser Aspekt darf nicht übersehen werden. Nach meinen Beobachtungen hat das Kind ein gutes Gespür dafür, ob Eltern sich mit ihm Mühe machen und engagiert sind oder alles laufen lassen aus Bequemlichkeit. Ein Kind großzuziehen, das erfordert – zumindest solange es noch klein ist – die ständige Aufmerksamkeit des Erziehenden. Das kostet viel Kraft und stellt Ansprüche an die Selbstlosigkeit. Dem zu entgehen, haben sich unter anderem ja auch die bedingungslose Strenge und, im Gegensatz dazu, das einfach alles Laufenlassen eingeschlichen. Beides ist eine gewisse Gleichgültigkeit dem Kind gegenüber, die durch Überforderung des Erwachsenen entsteht. Tatsache ist, daß über wirklich kluge und liebevolle Erziehung wenig nachgedacht wurde. Modelle sind dazu entworfen worden, wieweit sie tragend sind, ist mir nicht bekannt. Es ist auch die Frage, wieweit solche Modelle den Familien zugänglich sind und ob diese gegebenenfalls verwirklicht werden, oder wieweit es auch abgelehnt wird, sich diesbezüglich Vorschriften machen zu lassen. Es gibt auch sehr liebevolle Eltern, die mit viel Verantwortungsgefühl über ihr Kind nachdenken. Doch dies sind Ausnahmen. Das antiautoritär erzogene Kind sucht auch nach Vorbildern.

Da sein Lustempfinden nicht geschmälert wurde und es sich auch gut durchsetzen konnte, sieht es seine Vorbilder in einem großzügigen Lebensstil, der gewöhnlich in äußerer Darstellung gipfelt. Da die Kinder viel Zeit vor dem Fernseher verbringen, sind dies meist Medienidole. Hier entscheidet sich, wieviel Aggressivität entwickelt wurde, die keinen begehbaren Kanal gefunden hat oder einigermaßen gebändigt als Tatkraft im sozialen Umfeld agieren kann. Danach richtet sich die Vorbildsuche, und es gibt über die Medien viel Auswahl: von solchen, die positiven Vorbildcharakter haben, bis zu hochgejubelten Topstars und Vorbildern aus der Verbrechensszene mit Mord und entsprechenden Grausamkeiten. Für Jugendliche, die starke, ihren Möglichkeiten entsprechende Interessen und auch diesbezügliche Fähigkeiten entwickelt haben, ist ein Abrutschen in die Fremdorientierung keine große Gefahr. Besonders auch dann nicht, wenn über das Elternhaus ethische Werte vermittelt wurden. Im anderen Fall ist die Gefahr groß, über Medien geformt zu werden, in Vorstellungen und Wünsche zu fliehen, die keinen Bezug mehr zur Realität haben. Am harmlosesten ist es noch, wenn man so aussehen oder sein will wie der oder die, wenn ständig neue Klamotten das bestätigen sollen. Jedoch in der Reibung mit der Realität hält das nicht, und die Unzufriedenheit wächst.

Härte, Gefühle abtöten, in Erstarrung fallen

Ein Mensch, dem statt Herzlichkeit und Fürsorge, Abwehr und Kälte entgegengebracht wird, muß innerlich vereisen, wenn ihm keine anderen Möglichkeiten, auch nur ansatzweise, offenstehen. Mit Gefühlen, die Wünsche nach Wärme und Zuwendung beinhalten, ist eine solche Eisigkeit nicht zu ertragen. Entweder er stirbt daran, oder er tötet seinerseits Gefühle ab und fällt somit in eine innere Starre. So etwas geschieht in Abstufungen im Laufe der Zeit. Es kann auch immer noch etwas Zuwendung und etwas Hoffnung bleiben. Wobei man nicht vergessen darf, daß negative Zuwendung auch ein Wahrnehmen des anderen ist. Achtung und Vertrauen zum Menschen sind abhängig von dem, was Menschen einem Kind entgegenbringen. Auch wenn tiefster Frost frühzeitig ein Kind hat erfrieren lassen, so – denke ich – muß es trotzdem Gefühle entwickeln. Sie werden dann nur negativ. Haß ist ein solches Gefühl, und der kann sehr stark werden. Ist nichts mehr an Achtung vorhanden, wird der Hassende mit allen Mitteln versuchen, Menschen in die Knie zu zwingen und auszubeuten und daraus Macht, Lust und Geld zu erzwingen – als Strafe und Ersatz für verlorene Liebe. Das hat im täglichen Leben viele Gesichter. Wir kennen sie zur Genüge aus den Medien oder auch aus der nächsten Umgebung. Es muß nicht immer härteste Brutalität sein. Mit hinterhältiger List kann das geschehen, auch in der Form des Geizigen, der jedem voller Habsucht alles nimmt und selber mit allem geizt. Dies gibt es nicht nur im materiellen, sondern auch im seelisch-geistigen Bereich. Nach meiner Beobachtung gibt es auch die Möglichkeit, daß ein Mensch schon mit einer gewissen Kälte der Gefühle zur Welt kommt. Erklären kann ich es kaum. Daß bestimmte Veranlagungen bei der Geburt vorhanden sind, stellt auch die Vielfalt an Persönlichkeiten dar. Wenn bestimmte Begabungen vorhanden sind oder Veranlagungen zu Krankheiten, sagt man, das sind die Gene. Tatsächlich läßt sich beides häufig in der Familie verfolgen. Auch bei technischen, künstlerischen und handwerklichen Fähigkeiten gibt es Parallelen. Ob es diese Möglichkeit im Charakterbereich auch gibt? Eine gewisse Erblichkeit in diesem Bereich, auch von Schicksalen, habe ich wohl bemerkt. Doch da könnte man sagen, Haltungsweisen werden von Generation zu Generation über Vorbild und Erziehungsweisen weitergegeben. Und trotzdem gibt es in beiden Bereichen Fälle, wo es sich nicht nachweisen läßt. Vielleicht gibt es aber Vorbereitungstendenzen, die sich plötzlich kristallisieren können, wenn ein gewisser Punkt erreicht ist. Entwicklung von Kälte läßt sich auch erklären durch allzu großes

Verwöhntwerden im materiellen Bereich, ohne gleichzeitige Vermittlung von ethischen Werten.

Diese Form einer Schutzstruktur ist sehr gefahrvoll. Einmal, weil sie auf brutale Weise über die Schwächsten der Gesellschaft weitergegeben wird. Auf der anderen Seite wird es kaum möglich sein, eine solche Versteinerung aus sich selbst heraus zu erlösen, wenn sich kein liebevoller Keim entfalten konnte. Ich würde denken, daß man das als Hölle bezeichnen kann.

Allmacht des Intellekts

Eine Schutzhaltung, die nicht leicht als solche entdeckt werden kann, ist die Ideologie der Allmacht des Intellekts, lange Zeit eine Männerdomäne, die eifersüchtig von den Frauen ferngehalten werden mußte. Für den Mann hatte das verschiedene günstige Aspekte. Da Frauen in früheren Zeiten nur zu dienen hatten, mußte man sie auf jeden Fall die Überlegenheit des Mannes spüren lassen. Er war klug, konnte logisch und umfassend denken. Er konnte forschen, Zusammenhänge sehen und nutzen. Er war der besser entwickelte Mensch und konnte sich der Frau sehr überlegen fühlen, machtvoll sein, Untertanen haben, befehlen. Und da die Frau von der Schöpfung nicht so vorrangig bedacht worden war, mußte sie, in ihrem eigenen Interesse, geführt, geschützt und unterworfen werden. Dahinter steht aber auch unübersehbar die große Angst vor dem ganz anderen Wesen der Frau und die Angst vor der Frau in sich selbst, oder anders gesagt, die Angst vor der eigenen Seele. Interessant ist, daß man der Frau im Konzil zu Konstanz im 15. Jahrhundert offiziell die Seele absprach. Sie hatte keine und war so auch kein vollständiger Mensch. Darum konnte sie auch nicht in den Himmel kommen. Mit der Heirat nahm sie an der Seele des Mannes teil und damit auch am Himmelssegen. Man muß sich mal vorstellen, was das für eine Pervertierung des christlichen Glaubens war. Inzwischen „dient" die Frau nicht mehr und das hat sie ihren mutigen Schwestern „Blaustrümpfe" zu verdanken. Es stellte sich sehr schnell heraus, daß die Frau die gleichen intellektuellen Fähigkeiten haben kann und dem Mann darin nicht nachsteht.

Unsere Gehirnfähigkeit im vollen Bewußtsein zu erleben, ist ja eine tolle Sache und macht überlegen. Wie es funktioniert, können wir heute an jedem Computer erleben. Auch ihn, den Computer, kann man unentwegt mit Wissen speichern. Man kann ihn so speichern, daß er Zusammenhänge sieht und sinnvoll anwendet. Jede Einspeicherung ist auf Knopfdruck verfügbar. Der perfekte Roboter kann den Menschen in vielen Bereichen ersetzen. Klar, daß der Mensch über eine solche Möglichkeit unendlich stolz ist. Erhebt es ihn doch über die Geschöpfe, die vor ihm geschaffen wurden. So kann er sich doch alles untertan machen und sich – wie er glaubt –, wie ein Gott fühlen. Mit dem Intellekt kann man auf versierte Art sehr viel erreichen, auch in negativer Form. Man kann lügen, hintergehen, betrügen, verleumden und was es sonst noch so alles gibt. Ich glaube, daß diese Form des Denkens mit Sicherheit eine sehr beschränkte, auf die Bedürfnisse des Alltags und eines bestimmten Bewußtseinszustandes zugespitzte ist. Der Kosmos hat andere Denkmodelle, die weit tiefere und höhere Möglichkeiten einschließen. Den reinen Intellekt kann man, wie es heute geschieht, isoliert als Maschine leben lassen. Besser könnte man gar nicht wahrnehmen, daß er ohne Seele funktionieren kann. Unsere heutige Welt orientiert sich in großen Teilen nur noch an dieser seelenlosen Funktionalität. Auf diese Weise wird der Mensch benutzt. Darum kann er auch überflüssig werden. Die Gefahr ist da, mit eiskaltem Kalkül sich der Natur und des Menschen für bestimmte Zwecke der Ausbeutung zu bedienen. Das kann verbrämt werden mit guten Absichten. Doch dahinter steht das Ziel: Macht und Geldgier. Allerdings sind das Ziele, die heute ganz allgemein anerkannt werden. Versprechen sie doch ein genußreiches, angenehmes Leben. Unter dem Motto „Geld bedeutet Macht" ist weltweit die schlimmste aller Suchtbesessenheiten ausgebrochen. Und für diese Sucht wird alles in den Wind geschossen, was jemals an Ethik, Moral oder Gewissen vorhanden war. Daß man so nicht leben kann – weil es gar kein wirkliches Leben ist, sondern ein unerträgliches Asyl –, erkennen die Menschen, die den Seelentod noch nicht gestorben sind. Die Möglichkeit des Intellekts, der schließlich ein Teil unseres Gehirnes ist und somit von der Schöpfung gewollt wurde, ist gewiß nichts Böses, sondern im Gegenteil etwas außerordentlich Sinnvolles. Ohne diese Möglichkeit wäre der Mensch gar nicht lebensfähig, ebensowenig Pflanzen, Tiere und das ganze Weltall. Böse kann nur die Isolierung, die Abspaltung werden. Jede Abspaltung, jedes Asyl hat seine Gefahren. Jedoch die schlimmste Gefahr besteht durch die Abspaltung des Intellekts von der Seele. Die Seele rächt sich. Das ist vielleicht nicht richtig ausgedrückt. Man kann auch sagen, die Seele schreit vor Schmerz. Sie zeigt dem Menschen, der sie verrät, all seine Bosheit, die er bei seinem Tun benutzt. Diese höllischen Bosheiten sind für jeden in der Realität sichtbar. Sie erzählen dem Menschen von der Hölle, die zu gestalten er fähig ist. Die Seele will das Himmelreich. Sie hat aber auch die Aufgabe, den Menschen über seine Möglichkeit aufzuklären, über Gut und Böse entscheiden zu lernen. Wie schwierig dieser Lernprozeß ist, sehen wir daran, daß der Mensch, so weit wir seine Geschichte verfolgen können, es bis heute noch nicht geschafft hat, das Böse zu überwinden. Der Mensch hat keine andere Möglichkeit, als über diese Zwiespältigkeit zu einem wirklich selbständigen Wesen zu erwachsen. Vermutlich muß er Fehler machen, die Hölle durchgehen, um den Himmel erkennen zu können. Doch der Hölle, die der Mensch auf dieser Erde schafft, kann er selber nur entgehen, wenn er sie mit vollem Gefühl durchgehen muß, ohne sie zu verdrängen. Das heißt, der Mensch muß sie erst mal an Leib und Seele erleiden, um wirklich zu empfinden und zu wissen, was er tut. Das aber nicht durch Inquisition, sondern indem er durch seine eigene Einsicht dem bösen Treiben entsagt und den Weg durch die Nacht seiner Seele freiwillig geht. Das

mag sich sehr unverständlich anhören. Diesen Weg versuche ich zu beschreiben, soweit mir das möglich ist. Es gibt keinen anderen Weg aus dieser Quadratur des Kreises, dieser unserer Weltkatastrophe herauszugelangen.
Menschen waren immer findig, aus Notsituationen Auswege zu finden. Es kommt einfach auf das Ziel an. Neulich las ich einen Bericht über Stalingrad. Der Verfasser war einer der wenigen, die diese Hölle überleben konnten. Er schrieb: „Ich suchte Gott, und er war nicht zu finden. Seither weiß ich, daß es keinen Gott gibt. Denn wie könnte ein Gott schweigen und so etwas entsetzliches zulassen." Ich glaube ihm, daß er Gott dort nicht finden konnte. Wenn Menschen bereit sind, sich gegenseitig zu verstümmeln und zu erschlagen, dann müssen sie doch wohl schon vorher Gott in sich getötet haben. Wie kann man denn sonst so etwas so unglaublich Gemeines tun? Gott ist in jedem Geschöpf anwesend. Doch der Mensch besitzt die Fähigkeit, diese Anwesenheit so zu verschütten, daß sie nicht mehr wahrgenommen werden kann. Er kann nicht Gott spüren und gleichzeitig seinen Bruder schlachten. In einer Schlacht schlachtet man. Gott kann nur anwesend sein durch den Menschen. Er sitzt doch nicht auf einer Wolke und gibt Befehle aus! Der Mensch ist es, der Gott leben läßt und anwesend sein läßt. Nur durch ihn hat Gott die Möglichkeit sich in dieser Welt sichtbar zu machen. Man kann Gott leugnen soviel man will, man wird dabei immer nur Gott in sich selber leugnen und ihn dort nicht leben lassen wollen. Und wer seine Anwesenheit nicht fühlt, der besitzt eben nicht die dazugehörige Fähigkeit zu fühlen. Das hört sich hart an. Es bleibt aber eine Tatsache. Es ist aber auch eine Tatsache, daß der Mensch alles werden kann und ihm die Möglichkeiten dazu gegeben sind, ob im Guten oder im Bösen. Es kommt auf die Zielrichtung an. Und da wird auch klar, wie sehr sich der Mensch in seiner Asylhaltung selbst versperrt. Wenn ich dieses so in Schwarzweißmanier schreibe, dann deshalb, um das Bild stark sichtbar zu machen. Ich weiß selber ganz genau, wie schnell Teile von einem selber sich solche Asyle su-

chen, um überleben zu können. Und ich kenne auch den Schutz, den man braucht, um nicht zur total hilflosen Zielscheibe zu werden. Doch ich weiß auch, wie befreiend der Weg aus solch einem Verschüttetsein ist, wenn die Kräfte Gottes in einem lebendig werden können. Der Weg des Menschen ist ein harter. Auch die Tiere und die Pflanzen müssen leiden. Doch der Mensch hat es in seiner Hand, aus diesem Leid herauszuwachsen und Gott in dieser Welt auferstehen zu lassen. Im Grunde genommen wäre es einfach. Ein Gefühl oder ein Wissen, was gut ist und was böse ist, haben wir doch. Wir vertreten ja auch ganz radikal unsere Meinung und unsere Ziele, in jeder Partei, in jedem Staat und in den Familien auch. Wäre es denn wirklich so unmöglich, ein gemeinsames Ziel zum Guten hin zu finden? Das Gute zu tun, ist wie der Muskelaufbau beim Training. Es macht stark. Möglich ist es doch, nur überzeugt muß man sein und dann mit Mut die Fähigkeit erlangen, sich selber durchschauen zu können. Was haben wir nicht alles geschaffen auf dieser Erde. Was haben wir alles erfunden, bzw. gefunden, nachgeahmt und nachgebaut. Wir haben eine überaus komplizierte Technik geschaffen. Wir sind in der Lage, komplizierteste Maschinerien zu bauen, für fast jede Krankheit Medikamente zu entwickeln oder mechanische Methoden, um zur Gesundheit zurückzufinden. Wir sind in der Lage, Gene zu verändern und damit Geschöpfe unserer Erde nach Bedarf zu verwandeln. Wir sind auf dem Mond gelandet, schicken Satelliten ins Weltall und können Gestirne aus der Nähe filmen. Wieviel Schulung erfährt der Mensch in seinem Leben? Er kann so viel lernen. Und wir sollten nicht die Fähigkeit besitzen, Konzepte zu suchen, die den Menschen aus dem Bösen heraus in eine bessere Zukunft führen könnten? Sicher, wer will genau sagen, was gut und was böse ist. Das ist ein sehr kompliziertes, weites Feld. Aber es kann doch keiner behaupten, daß wir ein solch komplexes Problem mit unserem Gehirn und unserer Fähigkeit zu fühlen, nicht angehen und keine Lösungen finden könnten. Es müßte ja gar kein perfektes System sein, das würde nur wieder einengen. Es sollten

Wege gefunden werden, daß Menschen fähig werden, sich selbst und alle Geschöpfe unserer Erde zu achten und leben zu lassen. Was ist denn Kultur? Doch wohl nicht das, was tagtäglich an Grausamkeiten und Gemeinheiten auf dieser Welt geschieht. Kultur ist auch nicht der Wahnsinnstanz um das goldene Kalb, auch nicht die Anbetung der Technik, des Machbaren. Kultur ist auch nicht der Sieg über den anderen, der stete Kampf um den ersten Platz. Diesen Jagdtrieb haben wir aus der Tierwelt übernommen, doch Tiere sind niemals so brutal vorgegangen wie der Mensch. Sie haben Formen gefunden, um in ihrer Weise existieren zu können. Und das sollte der Mensch nicht fertig bringen, eine Kultur für ein würdiges Leben miteinander zu schaffen? Unser Gehirn alleine schafft das anscheinend nicht. Alle Religionen wissen das. Sie weisen auf göttlichen Geist hin, dem wir uns öffnen müssen. Alle haben sie Wege gewiesen, um dahin zu gelangen. Trotzdem hat es die Menschheit nicht geschafft, göttlichen Geist in dieser Welt so aufzubauen, daß wir miteinander und nicht gegeneinander leben können. Wenn wir wirklich alle unsere Kräfte und Möglichkeiten einsetzen würden, mit dem gemeinsamen Ziel, Wege in ein besseres Sein zu suchen, wir würden es finden. Immer kommt es auf die Intensität des Wünschens und des Einsatzes an, um ein Ziel zu erreichen. Sicher scheint es unmöglich zu sein, durch das Dickicht von Interessengruppen, die alle nur ihrer eigenen Egozentrik leben, überhaupt noch Fuß mit solchen Zielen fassen zu können. Ich höre auch schon, wie die Etablierten antworten: „Die hat ja keine Ahnung, was der Mensch in seinem kurzen Dasein will! Er will genießen und alles erreichen, was er sich wünscht. Und das mit allen Mitteln. Er hat das Recht dazu, egal wie." Aber es gibt auch Menschen, die noch träumen können, die Sehnsucht nach Licht und Wärme haben. Das ist ein Ausgangspunkt: Anreiz müßte geschaffen werden, Anreiz für eine viel größere und noch weitgehend unbekannte Möglichkeit im menschlichen Entwicklungsbereich. Gerade die Neugier auf das Neue, ganz andere hat uns so viele Entdeckungen machen lassen, so viele Erfindungen. Würden wir unseren Gefühls- und Empfindungsbereich so entwickeln und schulen, wie den Bereich des Intellekts, wir würden sicher eine ganz neue Welt entdecken und leben können. Mit Sicherheit bedürften wir dann nicht mehr der ständigen Reizverstärkung, wie sie heute gesucht wird. Nur meine ich, wenn ich von Gefühl spreche, sicher nicht das Niveau primitiver Gefühlsduselei. Gefühle, wenn sie nicht wirklich im Ursprung gewachsen sind, können auch sehr unecht sein. Diese Gartenzwergromantik oder auch die pervertierten Bereiche meine ich nicht. Ich gehe erst einmal von der Weisung aus: Liebe deinen Nächsten wie dich selbst. Das ist eine so grundlegende Weisung, die schon alles in sich birgt. Die Erschaffung des Menschen sehe ich keinesfalls als beendet, ich sehe sie als eine steckengebliebene. Wir alle sind an der Erschaffung beteiligt. Wir sind nicht nur verantwortlich für uns selber, für den einzelnen, wir alle schaffen das Menschenbild. Und ich denke, wenn es in der Bibel heißt „Gott schuf den Menschen nach seinem Bilde", dann heißt das, daß wir das Menschenbild zu Gott hin werden lassen müssen. Es leuchtet uns doch wohl allen ein, daß wir in unserem Zustand kein Ebenbild Gottes sind. Davon scheinen wir Billionen von Lichtjahren entfernt zu sein. Wir dürfen uns nicht mehr im Egotrip vereinzeln, wir müssen zu gemeinsamer Gestaltung gelangen.

Gefühle sind so etwas wie ein Motor, eine Triebfeder der Seele. Ich stelle mir vor, daß sie ursprünglich ungeheuer sensible Tastorgane darstellten, die in einer für uns kaum vorstellbaren Weise alles erkennen und wahrnehmen konnten – wahrnehmen im Sinne des Wortes: „Wahrheit" entnehmen. Weiter denke ich, daß dieses im Ursprung eine göttliche Weise ist, die Möglichkeit einer „Wegweisung". Gefühle gehen in die tiefsten Tiefen eines Menschen. Vermutlich sind sie die Wurzeln zu Gott. Jedoch lösen sie unendliche Ängste aus, weil kleinste Verletzungen aufs tiefste schmerzen. Eine ganz unheimliche Kraft, die im Menschen west – wesen muß. Alle Geschöpfe besitzen sie, diese geheimnisvolle Triebfeder der Entwicklung. Die vielen

Schutzhüllen sind wohl entstanden, um diesen außerordentlich empfindsamen Bereich auf der einen Seite nicht zu gefährden und auf der anderen Seite die Durchlässigkeit zu bremsen. Fühlen hat eine Sonnenseite und eine Nachtseite, wenn auch nur eine skalaartige Abstufung für uns davon sichtbar ist. Ich glaube aber doch, daß ein ganz geringer Teil davon für uns bewußt und erlebbar ist. Die Sonnenseite beinhaltet die Faszination ungeheurer Glücksgefühle, auch die Möglichkeit, in die Tiefe aller Wesenheiten einzudringen und sie zu empfinden, auch, Gottes Willen wahrzunehmen. Eine uns bekannte Form ist das Mitleidenkönnen. Doch da beginnt auch die Nachtseite: das Leiden. Wenn Gefühle in positiver Form sich entwickeln, werden sie ständig verletzt. Verletzte Gefühle deformieren, und so ist es nicht verwunderlich, daß der Mensch alles versucht, um dem Leiden zu entgehen. Jedoch zeigt es sich, daß nur durch das Leiden hindurch dieser so ungeheuer wichtige Lebensstrom im Menschen Einlaß findet. Leid anzunehmen und es durchzustehen, das sensibilisiert Bereiche der Seele so stark, daß sie für übergeordnete Strömungen durchlässig werden. Sie machen „sehend" und fähig zur „Wahr-nehmung". Drum sieht man auch das Leid und empfindet es mit. Aber auch das Hineinschauen in die inneren Prozesse dieser Welt, das Wissen kommt näher. Alles wird umfassender. Es ist für uns Menschen die einzige Möglichkeit, ohne steckenzubleiben und Verformungen, uns ins Universum hinein zu entfalten, das werden zu können, wozu wir vorgesehen sind.

Der Mensch will nicht leiden, und das ist verständlich. Wer möchte wohl dem anderen Leid wünschen. Das tun doch nur die Bösen. Doch ist unsere Welt polar geschaffen. Wir haben den Tag und die Nacht, den Sommer und den Winter, Hitze und Kälte, Gut und Böse, Himmel und Hölle, Spannung, die voller Reibung ist. Durch diese Reibung hat der Mensch die Möglichkeit, Bewußtsein zu erlangen, sich jeder Faser des Lebens bewußt zu werden – zu sehen! Wie könnte ich Licht wirklich als Licht erkennen, wenn es nicht das Dunkel gäbe? Wie könnte ich Hitze empfinden, wenn ich Kälte nicht kennen würde? Wirklich wahrnehmen kann man doch nur über Gegensätze. Und nur über Reibung entstehen Energien. Das ist eine ungeheure Forderung an alle Geschöpfe, die bisher auf dieser Welt gewachsen sind. Pflanzen und Tiere haben ihre Möglichkeiten gefunden, und im Menschen sollen sie sich erweitern. Doch die Menschheit sieht es nicht so und versucht, das Leiden auf alle möglichen Weisen zu verdrängen. Doch das Verdrängte ist nicht tot. Es will seinerseits nicht im Untergrund bleiben. Darum kommt es an die Oberfläche zurück in einer bösen Form. Es drängt den Menschen dazu, seinerseits Pflanzen, Tiere und Menschen zu quälen und leiden zu lassen. So dreht sich das Leid auf dieser Welt wie ein Riesenrad ungehemmt weiter.

Zweites Kapitel

Der Weg I

Um Gefühle entwickeln zu können, die in ihrer Hochform Welten verändern, muß sehr viel innere Arbeit geleistet werden.
In ihren Defiziten richten sie Unheil an, suchen nach Kompensation, die wiederum nur hemmende Unterschlüpfe bildet.
Subtiler ist die Flucht in die Krankheit. Dort wird Geborgenheit und Hilfe gesucht, die auch meist erwartet werden kann. Diese Flucht ist verständlich, oftmals ist es der letzte Ausweg. Auch zeigt der krank gewordene Körper dem Menschen, was er ändern müßte. Er versucht, es bewußt zu machen. Hört der Mensch auf diese Stimme, findet er auch die Lösung. Der Körper übernimmt die Problematik des Menschen und versucht Ausgleich und Spiegelung zu schaffen.
So lange Kämpfe im Menschen unbewußt bleiben, kann er nicht wirklich reifen. Erst das Bewußtwerden der unterschiedlichen Kräfte in sich kann zur bewußten Auseinandersetzung führen.
Werden Gefühle zugelassen, besteht die Gefahr, daß Kontrolle und Orientierung vorübergehend vernebelt sind. Angst und Aggression können entstehen. Sie stellen auch Anforderungen und werfen bisherige Normen und Regeln um. Sollen sie entwickelt werden, müssen wir uns zwangsläufig aus unserem Ich-Panzer lösen. Gelingt das nicht, besteht die Möglichkeit, sich mit den Gefühlen anderer aufzuputschen und befriedigen zu können.
Gelingt der „Auszug", können sich neue Welten aufschließen. Das Bewußtsein weitet sich und zeigt auch das eigene Gewordensein. Es zeigt mit der gleichen Berechtigung, wie wir es normalerweise tun, andere Arten zu sein und zu leben. Damit sehen

wir wohl unsere Einzigartigkeit, aber auch gleichzeitig, daß wir nur ein winziger Teil des Universums sind.

Schwierig werden Negativgefühle, die an die Oberfläche kommen, für einen an sich schon sensiblen Menschen. Sie sind schwer aufzufangen. Das hat verschiedene Facetten. Oft werden sie voller Aggressivität gegen andere gerichtet, wobei eine Weile Erleichterung eintritt. Die Folge ist gewöhnlich, daß die Umwelt mit gleicher Wucht zurückschlägt. Selten gelingt dann noch eine fruchtbare Auseinandersetzung. Je nach Anlage reagiert der Akteur mit noch größerer Wut oder er beginnt sein Tun mit Scham zu bereuen. Diese Art von Unordnung kann auch zur Selbstverachtung führen, und das bringt auch nur negative Auswirkungen. Die Gefahr besteht dann, daß Menschen, die angeblich stärker sind und bessere Lösungen gefunden haben, zu anzubetenden Vorbildern erhoben werden. Damit fällt man wieder in die Unselbständigkeit, der andere ist dann stellvertretend verantwortlich. Oder der Spieß wird umgedreht, und er lastet dem anderen seine Aggressivität in zerstörender Weise an. In beiden Fällen ist es eine Mißachtung des Menschen, er wird benutzt.

Ängste in vielfältigster Weise werden sichtbar. Wobei totale Hilflosigkeit bestehen kann, mit solchen Ängsten umgehen zu können, sie überhaupt einzuordnen. Solche Zustände können den gesamten zu bewältigenden Alltag in ein Chaos verwandeln. Daß solche Ängste auch wieder krank machen, ist verständlich. Ängste sind Geister, die genau betrachtet werden wollen. Erst wenn sie durchschaut werden, lassen sie sich in die Realität einordnen. Auch Schuldgefühle werden zu solchen Geistern. Doch schuldig, egal in welcher Form, wird jeder Mensch. Der Weg durchs Leben erfordert ständig Entscheidungen, und die können richtig oder auch falsch sein. Es wird auch nicht immer gesehen, ob und wieweit man andere verletzt oder auch sich selbst. Doch auch dann, wenn ganz bewußt Böses getan wurde, verhilft die Einsicht über ein solches Tun zur inneren Entscheidung und Klarheit.

Schlimm kann auch die eingehämmerte moralische Einstellung werden, so daß ein Mensch sich ständig schuldig fühlt, nach dem Motto „Du bist böse und hast nichts Gutes verdient". Eine solche Vorwurfsattacke gegen sich selbst macht schließlich wirklich böse und pessimistisch. Das wirkt wiederum in die äußere Welt hinein. Und diese gibt sich so, wie es im eigenen Innern aussieht. Gott ist kein Moralist. Moral haben die Menschen geschaffen, weil sie nicht fähig sind, wirklich zu lieben und in einem sozialen Verständnis alle Lebewesen gleichberechtigt leben zu lassen. So mußten sie Gesetze schaffen, um einigermaßen Ordnung in diese Welt zu bringen.
Gott verwendet eine solch allzu menschliche Weise nicht. Darum sind auch alle Vorbehalte und Ängste, Gott könne einen nicht annehmen, total überflüssig. Hilfe gibt eine erweiterte Sehweise, eine höhere Warte, von der aus der Mensch umfassender sichtbar wird. Die allzusehr im ganz persönlichen Bereich verhaftete Enge führt fast zur Erstickung.
Es ist das Problem des Einzelnen, für sich die ungeheure Kraft zur eigenen Umformung aufzubringen. Trotzdem ist es das Problem aller Menschen, eine solche Transformation in sich zu erkämpfen. Kein Mensch steht damit allein, es ist ein weltumfassendes Problem.

Bringt ein Mensch es fertig, beispielsweise seinen eigenen Körper so zu mögen, wie er nun mal ist, vermag er vielleicht mit seinem Körper zu reden, wie zum Beispiel: „Mein Herz, ich habe dich gern. Du schlägst seit ich lebe für mich, obwohl ich dich so viel gekränkt habe. Einmal mit meinem Haß auf andere und mit Haß auf mich selber. Deshalb, weil ich dem Haß freien Lauf geben wollte, um zu zerstören. Ich mag ihn aber nicht betrachten, denn er ist so häßlich. Es ist auch sehr schwer, diesem Haß einen anderen, lebensfördernden Erlösungsweg zu bereiten.

Statt dessen versuche ich ständig, mich darum herum zu mogeln. Ich will mich auch betäuben und weiß, daß ich dich damit krank mache.
Mein Herz, wieso bringst du es fertig, trotzdem für mich weiter zu schlagen? Kannst du mir das Geheimnis deiner Liebe verraten? Du bist ein lebendiges, beseeltes Wesen, das allein für mich da ist. Und ich bringe dich so weit, daß du krank wirst und womöglich eines Tages stirbst. Wird mir dann ein fremdes Herz weiterhelfen? Ich werde auch das nächste Herz zerstören, wenn ich so weiterlebe wie bisher.
Mein Herz, ich habe dich gern und möchte mich deinem Geheimnis nähern. Ich will versuchen, den Weg zu finden und zu gehen. Gib mir deine liebende Kraft zur Wegzehrung mit."

Den eigenen Körper anzunehmen ist viel schwerer als man glaubt. Allein schon was die äußere Form anbetrifft, wird ja allerorten von außen diktiert. Stellt man fest, daß dieses Maß nicht dem eigenen Körper entspricht, löst es leicht Minderwertigkeitsgefühle aus. Und so geht es weiter mit den Vorstellungen, wie man sich nach außen darzustellen hat. Ganz gleich, hinter welchen Fremdorientierungen der Mensch sich versteckt, er verfehlt sich damit selbst und so auch die eigenen originären Kräfte. Auf solche Weise nabelt er seine Seele und seinen Geist von dem in ihm fließenden Lebensstrom ab. Durch den Körper fließt er trotzdem als Lebenskraft. Jedoch spalten wir uns so vom wirklichen Leben ab. In einer vom Menschen geschaffenen Scheinwelt geht Leben zugrunde.

Wichtig ist für diesen Weg auch, sich zu schützen vor der Bosheit anderer, sich nicht zerstören zu lassen und nicht zum Opfer zu werden. Letzteres wäre wieder die passive Form, sich selber freizusprechen und andere verantwortlich zu machen, wieder ein Sich-anhängen an den anderen Menschen. Kann man seine bösen Geister verwandeln in positive Kräfte, ist es auch möglich sich zu schützen, weil der Angriff in seiner Schärfe entkräftet wird, da er durchschaubar geworden ist. Und wenn es trotzdem schmerzt, hilft das Wissen, daß man den besseren Weg gefunden hat und dadurch reicher an Wissen und Einfühlungsvermögen wird.

Je stärker und reichhaltiger die Fähigkeit des Einfühlens wird, um so mehr kultivieren wir den Gefühlsbereich. Die Zärtlichkeit für das andere Geschöpf zu finden, ist nicht immer einfach, besonders dann, wenn die Erziehung und Erfahrung mit Menschen zu negativ war. Eine solche Prägung kann so stark sein, daß der Eindruck entsteht, sie nicht mehr aufbrechen zu können. Solche Menschen zu verachten, können wir uns nicht mehr leisten. Wir wissen inzwischen alle, wie entsetzlich tief ein Mensch sinken kann, wenn die Wehrlosesten der Gesellschaft, nämlich die Kinder, bereits im Internet als Sexualware angeboten werden, die man zu Tode foltern kann und die dann „entsorgt" werden. Wir kennen auch das grausame Tun in Afrika und Jugoslawien. Es ist wohl so, daß Aggressivitäten bei kriegerischen Auseinandersetzungen Menschen in entsetzlichster Form zu Ungeheuern werden lassen und daß dies anscheinend zur Reizbefriedigung dient. Solch entsetzliche Handlungen kann man nur aufs tiefste verachten.

Aber daß es zu solchen furchtbaren Handlungen kommen kann, darüber nachzudenken sind wir aufgerufen. Wir müssen Wege finden, daß solche Perversionen keinen Boden mehr im Menschen finden und in der Außenwelt keinen Fuß mehr fassen können. In solch höllische Tiefen zu schauen ist grauenvoll und zeigt in seiner Furchtbarkeit, wie wichtig es ist, den Gegenpol zu entfalten. Es reicht einfach nicht aus, nur zu verdammen. Ein Mensch, der den Weg aus seiner Not finden kann, der versteht auch deshalb, weil er weiß, wie schwer das Leben sein kann. Er kennt die Fallen und Tiefen. Möglich ist dennoch, daß ein solcher Mensch kaum noch Zärtlichkeit zu anderen Menschen entwickeln kann. Und da können Tiere, Pflanzen und der Erdboden zu liebevollen Partnern werden. In solchen Verbindungen können Gefühle sehr wohl in positiver Weise gestärkt und sensibilisiert werden.

Bei all diesem Tun braucht der Mensch jedoch eine höhere Dimension, in die er sich schützend einbetten kann. Ohne eine solche wird er immer wieder Schutz bei Menschen oder in Asylen suchen. Aber weder Menschen noch Asyle können ihm das bieten.
Dazu ist auch eine höhere Ebene nötig, als die des Menschen auf dieser Erde. Wenn wir im Flugzeug sitzen, sehen wir auch weit mehr als nur einen kleinen Ausschnitt, den wir auf der Erde stehend wahrnehmen können.
Darum ist es so wichtig, sich der göttlichen Kraft in sich selber zu öffnen und sich ganz in sie hineinfallen zu lassen. Das ist möglich, wenn wir uns vor Augen halten, daß nur ein für uns unvorstellbarer, allwissender Geist diese Welt in kompliziertester Weise hat werden lassen, so daß dieses Universum mit allen Sternen und Welten in einer umfassenden Ordnung funktionieren kann und ständig neues Leben gebiert. Diese Kraft hat auf der Erde alles Leben geschaffen, auf komplizierteste Weise winzigste lebensfähige Zellen und Organe, die in der Entwicklung bis hin zum Menschen Möglichkeiten geschaffen haben, uns aktiv und in persönlicher Weise agieren und leben zu lassen. Fehlte uns auch nur ein Organ in unserem so außerordentlich komplizierten und empfindsamen Körperbau, könnten wir nicht mehr leben. Auch Sinne, Verstand und Empfindung sind uns gegeben. Man braucht nur die liebevolle Aufzucht der Tiere zu beobachten, um zu wissen, daß es nicht der Mensch ist, der Liebe und Fürsorge geschaffen hat, sondern sie sind den Lebewesen eingegeben. Diese allumfassende Kraft sollte nicht imstande sein uns zu helfen?
Es wird heute gesagt, Gott kümmere sich nicht um die Menschen, die Schöpfung sei grausam und kenne keine Liebe. Es ist jedoch der Mensch, der in sich selbst Gott verlassen hat und nicht mehr lieben kann und Grausamkeit als Reiz sucht.

Es gibt doch Menschen und Tiere, die sichtbar für alle liebevoll sind. Woher haben sie denn diese Fähigkeit? Doch wohl nicht aus der Konservenbüchse aus dem Supermarkt!
Es ist lächerlich zu glauben, wir könnten alles aus unserem Verstand heraus selber erschaffen, wir wüßten alles besser. Der Mensch formt nur nach, er ist jedoch nicht fähig, Leben zu erwecken. Das ist ihm nur über seine Sexualität gegeben. Er hätte die Möglichkeit, eine andere Form des Lebens zu erwecken durch die Entfaltung seiner Gefühle.
Wir können und müssen uns weiterentwickeln. Und da die Schöpfung, so scheint es, keine Sklaven, sondern selbständige Geschöpfe haben möchte, ist der Mensch aufgerufen, sich an dieser Schöpfungsgeschichte zu beteiligen, und zwar zum Leben hin und nicht zur Vernichtung.
Öffnen wir uns der göttlichen Kraft und ziehen wir sie an, wird uns Leben zuteil, auch Wissen, wie wir den Weg gehen können. Die Schwierigkeit besteht ja meist darin, daß nur das Sichtbare auf uns Wirkung ausübt. Jedoch auf diesem Weg geht es um unsichtbare Kräfte, die ein Mensch in gewisser Weise sichtbar machen kann durch sein eigenes Tun, vorausgesetzt, er läßt sich von diesen ernähren und formen. Solange ein Mensch sich jedoch darauf verläßt, daß andere Menschen, Medikamente oder bestimmte Situationen ihm helfen könnten, wird er nicht viel weiter kommen oder auch sehr enttäuscht sein.
Menschen können helfen, das ist richtig. Sie können eine Zeitlang führen, bis ein Mensch Mut zur Selbständigkeit bekommt. Das ist ja auch der hilfreiche Segen der Psychologie. Diese Hilfe ist gewiß eine sehr glückliche Möglichkeit, Menschen auf ihren eigenen Weg hin zu lenken. Dem zwanzigsten Jahrhundert ist die Wichtigkeit der helfenden Psychologie hell bewußt geworden. Eine Entwicklung, die auch begehbare Wege in der Therapie gefunden hat. Diese Hilfe steht für jeden offen, der sich öffnen will.

Jeder Mensch, der sich seinen eigenen Schwächen stellt und den Weg der Wandlung geht, ist ein Held. Er tut es auch nicht nur für sich allein. Im Grunde genommen tut er es genauso für andere Menschen, schon allein in der Form, daß er andere verstehen lernt und sensibler mit ihnen umgeht, sie nicht mehr verantwortlich macht für die eigenen ungelösten Probleme. Auch dadurch, daß solch ein Mensch begehbaren Boden und Weg gefunden hat, wirkt eine Kraft, die das Positive in dieser Welt verstärkt.

Führt der Weg der psychologischen Hilfe allerdings dahin, daß sich das Bewußtsein der Einzigartigkeit und der Ausdruck derselben in einer betont egozentrischen Isolation und Haltung ausdrückt, ist nichts, aber auch gar nichts gewonnen. Das bedeutet dann wieder äußerste Enge. Nur die Weite und die Vernetzung mit allen Lebewesen wird zur lebendigen Kraft.
Wobei ich jeden Vergleich mit dem Internet verhindern möchte. Eine so äußerliche Beziehung zu allem und jedem paßt sehr gut in unsere unterkühlte Welt. „Vernetzung mit allen Lebewesen" heißt für mich, sie in sich aufnehmen wie die eigenen Kinder, die eigene Familie, wie sich selbst.
Göttliche Kraft kann nur dann im Menschen fließen, wenn er sich ganz in sie hineinfallen läßt, mit allem Kummer, allen Sorgen und Schmerzen – wenn er sich löst von allem, was quält, mit dem Vertrauen, daß diese Kraft alles auffängt und in der Lage ist, alle inneren und äußeren Nöte, Ängste und Sorgen zu wandeln.
Geduld muß wohl aufgebracht werden. Das geht nicht von einer Woche zur anderen. Zumal erst gelernt werden muß, sich ganz auf diese Kraft zu konzentrieren und alle zerstörenden Gedanken fallen zu lassen.
Es ist sicherlich nicht der Weg, den alle Menschen gehen können. Aber Wege könnten gefunden werden, die zur frühen Ausrichtung bei Kindern und Jugendlichen führen können.

Diese göttliche Kraft will uns auf eine weit höhere und weit über dem heutigen Niveau stehende Bewußtseinsebene bringen. Eine Ebene auf der die Menschheit friedlich, sinnvoller und glücklicher leben kann.
Gefühle wirklich entfalten heißt Verzauberung. Das ist lebendige Magie, die das All in Schönheit erblühen läßt und selige Freude als Nahrung gebiert. Sie können Welten aus tiefster Verlorenheit in wundervollste innige Schönheit und Ganzheit wandeln.

Ganz wichtig ist ein Bewußtsein, daß jeder Mensch in seiner Einzigartigkeit ein aus universellem Geist geschaffenes Geschöpf ist. Es bedarf seiner Mitarbeit, sich dieser Kraft, die ihn geschaffen hat, wieder anzuvertrauen. Gott war von Anbeginn der Schöpfung in seinen Geschöpfen präsent, schon in den kleinsten, für uns kaum wahrnehmbaren Mikrokosmen. In seiner Vielfältigkeit ist der Kosmos so gewaltig, daß wir ihn mit unserem Intellekt nicht erfassen können. Allein die Vielfältigkeit der Formen, die mit den Augen wahrnehmbar ist, ist etwas, wozu ein Mensch nicht im geringsten fähig ist, es aus sich selbst heraus zu erschaffen – auch wenn er noch so kreativ ist. Zumal jede Form beseelt ist, insofern sie für ihre Lebensfähigkeit eine Struktur aufweist, die ein lebendiges Wachstum mit allen lebensnotwendigen Zellen und Codes aufweist. Dieses Leben ist nicht nur durch dieses, auf dieser Welt geschaffene Geschöpf erwachsen, sondern ist eingebettet in die gesamte Schöpfung und kann nur im Zusammenwirken mit dieser bestehen.
Erschütternd ist es zu sehen, daß Menschen gar nicht mehr bereit sind, solches wahrzunehmen. Für sie ist es so selbstverständlich wie das Backen eines Reibekuchens.

Aber allein die Konstruktion zur Lebensfähigkeit ist ja noch nicht das Entscheidende, so gewaltig sie auch sein mag. Es kommen die Ästhetik, die Schönheit und die Sinnlichkeit hinzu, die unser Herz so berühren können. Sie geben uns Kraft.

Wer kann denn schon ohne Sonne, ohne ihr Licht und ihre Wärme leben? Sicher, die Sonne kann auch unerbittlich brennen. Stellen Sie sich vor, Sie müßten im heißen Sand leben, ohne einen Baum, ohne Blumen, ohne jede Pflanze, die Sie nähren kann, ohne Wasser, das Sie tränkt. Würden sie in eine solche Wüste verbannt, müßten sie zwangsläufig die Schöpfung – Pflanze, Wasser und fruchtbare Erde – als Lebensquelle dankbar annehmen.

Doch nicht allein die Schönheit der geschaffenen Formen und ihre Sinnhaftigkeit, für das Leben anderer Lebewesen dazusein, ist was die Ästhetik ausmacht. Hinzu kommt die wundersame Ausstrahlung, die auf unser Gemüt wirkt. Wie viele Lieder und Gedichte über den Frühling sind komponiert und geschrieben worden, wenn Pflanzen zu grünen beginnen, wenn das Blühen erwacht, die Erde zu duften beginnt, die Sonne alle Keime zum Leben erweckt.
In früheren Zeiten gingen dann auch Hungersnöte zu Ende. Nahrung wuchs wieder aus der Erde. In dieser Zeit war die Achtung vor der Pflanze, der Erde und dem Himmel noch wach, denn sie waren stärker als der Mensch, ohne sie wäre er verhungert.
Es ist nicht allein der Hunger des Bauches, den Pflanzen stillen können. Durch sie stärkt der Geist des Lebens die Seele und läßt diese über den Bauch hinauswachsen. Dies ist nur die Ahnung einer Dimension, die weit über unser heutiges Bewußtsein hinausgeht, und einer göttlichen Kreativität, die eine ganz andere Form der Welt birgt.
Künstler haben in vergangener Zeit versucht, diese Faszination in Bildern festzuhalten. Sie bildeten die Natur nach, um sie einzufangen in ihrer Vielfältigkeit. Was dann am besten gelang, wenn viel Gefühl die wundersame Schönheit und Ausstrahlung durchdringen konnte.
Davon ist die Kunst heute abgelöst. Sie hat sich abgenabelt vom gewaltigen Schöpfungsakt. Sie ist sich selbst zum Gott geworden

und glaubt, mit ein paar Pinselstrichen eine großartige Schöpfung zu vollbringen, ohne zu sehen und erst recht ohne sich einfühlen zu müssen oder gar die Sinnlichkeit der Schönheit in sich aufzunehmen. Zerstören ist interessant geworden. Das geht auch ohne Mühe und ohne Skrupel, und tatsächlich kann auf solch einfache Weise jeder zum Künstler werden. Da wird gesagt, es kommt aus meinem Bauch. Aber was ist das für ein Bauch, der nicht mehr verdauen und Nahrung spalten kann zur Erhaltung des Menschen? Mir scheint, es ist eher der versteinerte „Egoblock", der die Kreativität der Seele versperrt. Die Seele liebt es, sich in alle Geschöpfe einzusenken, sie mit Andacht zu betrachten und mit allen Sinnen wahrzunehmen.

Wenn statt Liebe Grausamkeit und Verachtung als Zeitvertreib und Abbau von überhitztem Reiz agieren, dann kann man es wohl noch „künstliche" Gebilde nennen, aber in dem Sinne, daß es das Böse in dieser Welt verehrt.
Die Liebe ist die tiefste Substanz, die der Schöpfung zu eigen ist. Wer nicht in der Lage ist, daran zu glauben, der sollte sich fragen, ob er ohne Liebe leben kann. Verdrängen kann man das schon. Doch jeder Mensch möchte auf irgendeine Weise anerkannt und gesehen werden. Liebe beinhaltet die Achtung vor allem Lebendigem.
Die Schwierigkeit an Gott zu glauben, liegt für viele auch darin, daß sie sich an das halten, was sie in der Realität wahrnehmen, was sie fühlen, für richtig oder wichtig erachten. Es ist schon gut, mit den Füßen auf dem Erdboden zu stehen. Das Leben setzt sich aus Realismen zusammen. Es kommt nur darauf an, was wir als realistisch annehmen. Wenn es nur die äußerste Äußerlichkeit ist, kann man da noch von Realität reden? Es kommt eben auf die Weite des Sehens und der Wahrnehmungen an. Wir leben auch von Vorstellungen, an die wir glauben können, wenn sie für uns realisierbar sind. Das heißt, die Träume sind ganz durch das irdisch Machbare determiniert. Und so sind es gewöhnlich Träume, die sich im Alltag verwirk-

lichen lassen und sich um ein Wohlergehen unserer Person drehen. Dies ist ja auch nichts Negatives, im Gegenteil, es ist ganz legitim. Doch die Perspektive ist eng, wenn geglaubt wird, daß diese Träume letztendlich dem eigentlichen Niveau des Menschen entsprechen. Als ein so eingeschränktes Wesen sollte sich der Mensch nicht sehen. Er ist zu größeren Dimensionen hin geschaffen. Und so sollten auch seine Träume eine höhere Dimension anstreben.

Das Sattsein läßt vergessen, daß andere Menschen nicht einmal das Notwendigste zum Leben haben. Aber auch das Sattseinkönnen ist mit Schwierigkeit verbunden. Denn der Mensch wird nicht satt an irdischen Gütern. Er will immer und immer mehr davon haben. Hat er das eine, will er das andere. Es ist der Hohn der Gier, daß sie nicht zu befriedigen ist. Letzten Endes ist es der Spott der engen Sichtweise, der sich bösartig grinsend lustig macht.

Ich glaube auch nicht, daß es für die Menschheit wirklich etwas bringt, davon zu träumen, eventuell auf anderen Planeten Fuß fassen zu können. Aber überzeugt bin ich davon, daß Planeten, Sterne und Welten ganz anderer Art in unserer Seele verborgen liegen, daß wir sie in uns erobern und mit unserem Bewußtsein erreichen können. Das entspricht viel eher der Größe der Schöpfung, als das, was der Großteil von Menschen bisher erlebt. Es kommt ganz einfach darauf an, an was wir unsere Träume binden und aus welchen Schichten in uns diese Träume entstehen. Träume haben immer die Bedeutung, einen Menschen über einen momentanen Zustand hinauszuführen. Auch bergen sie die Möglichkeit, einen bestehenden Mangel zu beheben.

Das weiß ich wohl, daß auch im banalen Bereich Wünsche in Erfüllung gehen müssen. Es ist wohl so zu verstehen, daß ein Mensch im krankmachenden Zustand nicht zu sich selber finden kann. Man muß sich das so vorstellen: Wenn ein Mensch starke Schmerzen hat im körperlichen oder seelischen Bereich, kann er sich auf nichts anderes mehr konzentrieren. Es wirkt wie ein Bann. In einem solch lebensbedrohenden Zustand ist es einfach nötig, Ausgleich zu schaffen, um innerlich frei zu werden. Natürlich ist die Frage dabei offen, ob es Schmerzen sind, die mit Erkenntnis und Einsicht den besseren Weg finden würden, oder ob sie so elementar sind, daß der weitere Weg erst frei wird durch eine schnelle Erlösung. Ich bin überzeugt, daß jeder Wunsch, der aus tiefster Not kommt, auch Erfüllung bringt, weil er den Weg des Menschen heilbringend begleitet. Erst dann können vermutlich die großen Träume im Menschen Fuß fassen und in der Realität Wirkung finden.

Träume sind so etwas wie Steckdosen zur Lebensenergie. Sie wissen mehr, als ein Mensch momentan bewußt erfassen kann. Sie sind der Weg zu höheren Dimensionen. Allein deshalb haben sie eine wirkliche Chance, in Erfüllung zu gehen. Eine Realisierung ins Irdische ist wohl wichtig – wie könnten sie sonst in unser Leben hineinwirken? Gerade das birgt die Möglichkeit für uns, neue Welten werden zu lassen und an ihnen kreativ mitzuarbeiten. Warum sollten wir nicht an unsere Träume, die in Gott ruhen, glauben können? Das kann doch so schwer nicht sein, wenn zu bedenken ist, daß sie gewollte Wegweiser einer höheren Dimension sind.

Ganz sicher träumen Gefangene von ihrer Freilassung. Wir können auch von unserer Freilassung, dem Auszug aus dem eigenen Gefängnis träumen. Dies wäre nicht nur legitim, es wäre ein Schritt in eine Evolution.

Gott hilft dem Menschen aus seiner Not. Denn wer könnte es besser wissen, als ein Schöpfer, der seine Schöpfung durch das Böse hindurchgehen läßt, damit sie bewußt Gutes und Böses erkennt. Auf diesem Weg läßt seine Liebe und verzeihende Güte uns nicht im Stich. Er geht selber mit seinen Geschöpfen diesen schweren Weg. Er hat uns den Glauben gegeben und wartet darauf, daß wir diese Hilfe und seine Liebe annehmen sowie ihm in Selbständigkeit entgegenkommen. Wohl muß unser Glaube alle Zweifel fallen lassen, bevor er in Klarheit erstehen kann.

Wie sich ein Weg finden läßt, beschreibt eine ganz gewöhnliche Geschichte, die so im Alltag geschehen ist. Eine Geschichte, die überall in einem anderen Gewand stattfindet. Sie hätte auch ganz anders ausgehen können. Ich schreibe sie nieder, um aufzuzeigen, wie so etwas abläuft, ohne daß darüber nachgedacht wird. Man läßt es einfach ohne Skrupel geschehen.

Der Weg II

Christine

Ein Mädchen kam auf die Welt. Es war eine „Flutschgeburt" und die Mutter bekam eine anschließende Eklampsie, an der sie fast gestorben wäre. Das Kind durfte nicht gestillt werden, damit die Mutter nicht noch mehr Kraft verlieren sollte. Christine – so wurde das Mädchen genannt – hatte zwei ältere Geschwister. Die Eltern befanden sich schon vor der Zeugung des dritten Kindes in einer äußerst prekären finanziellen Situation. Der Vater hatte kurz vor seiner Heirat, zusammen mit einem Bruder und seinem Vater, ein eigenes Unternehmen gegründet. Sein Vater hatte ihn und seinen Bruder mit dieser Idee bedrängt, um sich aus einem unguten Arbeitsverhältnis in eine Selbständigkeit zu retten. Die Brüder waren anfänglich auch ganz begeistert und hatten mit viel Elan versucht, das Unternehmen aufzubauen. Es war aber von vornherein zum Scheitern verurteilt, da die Konkurrenz, bei der sie alle drei gelernt hatten und angestellt gewesen waren, am gleichen Ort erfolgreich auf sehr festem Fuße stand. Alle drei waren sie Träumer, alle drei sahen nicht die Realität, in der sie lebten. So zerbrach der Traum, und was blieb, war ein riesiger Schuldenberg.
Christines Vater hieß Georg und die Mutter Gertrude.

Gertrude

Gertrude wuchs in einem reichen Haus auf. Sie hatte eine weitläufige Verwandte, die Erzieherin wurde. Diese war in Süddeutschland bei einer Familie als Kindermädchen angestellt. Diese Familie wohnte in einem sehr großen alten Fuggerhaus. Sie waren Geschäftsleute und hatten vier Töchter. Diese vier Töchter waren Cousinen von Georg und seinen Brüdern.

Gertrude war etwa im gleichen Alter, wie zwei dieser Töchter, und es begann ein reger Briefwechsel zwischen ihnen. Das führte dann zu einer Einladung, und Gertrude fühlte sich in dieser Familie sehr wohl und besuchte sie immer wieder. So lernte sie Georg kennen, denn die Vettern und Cousinen besuchten sich auch gegenseitig. Für Gertrude waren es Zeiten voller Fröhlichkeit und Ungezwungenheit. In dieser Familie schien die Sonne für sie. Sie fand alles schön. Das alte große Fuggerhaus begeisterte sie. Den Onkel (sie nannte Vater und Mutter der vier Töchter „Onkel" und „Tante") bewunderte sie. Er war so schön, großgewachsen, hatte einen Bart und strahlte Würde und Güte aus. Vor allem war er großzügig und hatte Humor. Er war nicht streng, doch die Töchter gehorchten ihm mit vertrauender Selbstverständlichkeit. Die Tante war wohl etwas exaltiert. Sie hatte etwas Frömmelndes, immer mit einem erhobenen Zeigefinger. Die Tante wirkte wie ein kleines, unselbständiges Geschöpf, und sie himmelte ihren Mann in Unterwürfigkeit an. Weder die Töchter noch der Onkel nahmen sie ernst. Aber das machte ihr nichts aus, sie lachte darüber.
Vetter Georg unterschied sich von seinen Brüdern durch seine Musikalität. Auch hatte er eine sehr gute Singstimme und das absolute Gehör. Er dichtete und malte. Gertrude, die zwar nicht in einer finanziellen, aber in einer geistigen Enge aufwuchs, war tief beeindruckt durch die Großzügigkeit dieser Familie und im besonderen durch Georgs Kreativität. Sie selber hatte Freude am Klavierspiel und brachte es immerhin soweit, daß sie ein Musikstudium begann. Georg und Gertrude fanden zueinander. Der Vater von Gertrude war strikt dagegen. Das gesellschaftliche Niveau stimmte für ihn nicht, außerdem war Georg katholisch, er selber war überzeugter und frommer Protestant. Und dann hatte Georg einen Geburtsfehler. Er war nur mit einem Arm zur Welt gekommen. Der zweite Arm war ganz klein und hatte ein kleines verkümmertes Händchen. So wie man es von Contergangeschädigten kennt. Für Gertrude waren das verständlicherweise keine Argumente. Sie wollte inmitten dieser

Familie leben, in der sie sich so wohl und entspannt fühlte, und außerdem war sie verliebt. Nach entsprechend langem Kampf, während dem Gertrude sehr krank wurde, gab der Vater nach. Er gab seiner Tochter, wie es in dieser Zeit üblich war, eine seinem finanziellen Stand entsprechende, großzügige Aussteuer mit in die Ehe.

Kurz vor der Geburt von Christine wurde die gesamte Aussteuer, außer Schlafzimmer, Küchenmöbeln und Geschirr, gepfändet. Es war nicht nur das Ende eines Zukunftstraumes, das Leben wurde zum absoluten Alptraum. Georg hatte keine Arbeit mehr. Die teure Aussteuer war unter dem Hammer und Gertrude hatte außer Hauswirtschaft und Musikstudium nichts gelernt. Außerdem erschien es für sie auch total unmöglich, als „höhere Tochter" einem Beruf nachzugehen. Und dann waren zwei Kinder da. Während dieses Zusammenbruchs wuchs Christine im Leib der Mutter, von vornherein ungewollt und deshalb auch ungeliebt. Der Versuch, die Frucht loszuwerden, mißglückte.

Georg und Gertrude wurden, wie es zu dieser Zeit fast allgemein üblich war, autoritär erzogen. Es gab den gutbürgerlichen Katalog, der vorschrieb, wie man zu sein hatte. Abweichungen durften nicht vorkommen. Versagen war ein gesellschaftliches Vergehen. Es mußte daher verdrängt werden und dazu braucht man einen Sündenbock, der an allem Schuld ist. Am einfachsten zu handhaben ist ein ganz schwacher Sündenbock, der sich nicht wehren kann und mit dem daher auch keine Auseinandersetzung zu befürchten ist. Solche Verdrängungen laufen bekanntlich unbewußt ab. Christine wurde geboren zum Sündenbock. Die böse ungeladene Fee war an ihrer Wiege. Aber da standen auch die guten Feen mit ihren Geschenken: die Fähigkeit zu kämpfen, immer wieder aufzustehen und weiterzugehen, die Liebe zu dem, was wirklich Leben ist.

In ihrer aussichtslosen Lage entschloß sich Gertrude, ihren Vater zu bitten, Georg in seiner Firma anzustellen. Das war ein sehr schwerer Gang für sie, wußte sie doch, welche Vorwürfe ihr entgegenkommen würden. Der Vater willigte ein, Gertrude zog mit der Familie zurück in ihre Heimat. Der Möbelwagen fuhr ab, Georg und Gertrude saßen mit ihren drei Kindern im Zug, voller Angst vor dem Vater und Schwiegervater – Angst vor dem, was auf sie zukam. Georg fühlte sich wie ein geschlagener Hund. Er würde fortan vor seinem Schwiegervater zu kriechen haben, und Gertrude war die Tochter dieses Mannes. Christine war drei Wochen alt, sie begann zu schreien. Im Abteil saßen fremde Leute, möglich, daß sie sich gestört fühlten durch das Geschrei, allerdings hätten sie auch die Möglichkeit gehabt, das Abteil zu verlassen. Gertrude und Georg begannen sich zu schämen, je länger Christine sich nicht beruhigen ließ und das Geschrei nicht aufhören wollte. Voller Scham legten sie das Kind ins Gepäcknetz und taten hinfort so, als ob ihnen das Baby nicht gehörte. Die Fahrt damals dauerte etwa zwölf Stunden. – Viele Jahre später, als man ihr immer noch vorwarf, wie entsetzlich sie schon auf dieser Fahrt ihre Eltern blamiert habe, wußte Christine plötzlich in einer hellen Sicht, daß sie als Opfer die schrecklichen Ängste ihrer Eltern herausschreien mußte. – Am neuen Wohnort angekommen, bekam Christine einen Schluckkrampf, sie konnte nichts mehr zu sich nehmen. Der herbeigerufene Kinderarzt kam täglich und schmierte dem Kind einen klebrigen Brei in den Hals, der hauptsächlich aus Bananen bestand. In der Hoffnung, daß dem Kind auf diese Weise Nahrung zukam – es gelang.

Georg

Georgs Vater war ein uneheliches Kind. Von seiner Mutter hieß es, sie sei liederlich gewesen. Sie heiratete einen Dorfschullehrer, mit dem sie noch einige eheliche Kinder bekam. Der uneheliche Sohn wurde mit äußerster Strenge erzogen, war er doch das Produkt einer Sünde. Er wurde schon früh zu schweren Arbeiten herangezogen und da er älter war als seine Geschwister, hatte er die Aufgabe, auf sie aufzupassen und wurde für deren Verfehlungen hart bestraft. Er war gedrückt, fühlte sich immerzu schuldig und konnte es gar nicht wagen, sich selbst zu entwickeln. Er wurde zum schlechten Gewissen der anderen, blieb klein und zart, wagte es nicht sich zu wehren. Er war musikalisch und spielte Querflöte. Das tat er sehr gerne, empfand das Tun aber zeitlebens als Sünde. Er hatte einen Onkel, der dabei war, ein Unternehmen zu gründen, und der bat ihn, ihm dabei zu helfen. Das tat er gerne, war es doch eine große Chance für ihn, sich auf eigene Füße stellen zu können und auch Tüchtigkeit unter Beweis zu stellen. Er wurde auch tüchtig. Jedoch der Onkel wollte ihn wohl nicht neben sich groß werden sehen und ließ keine Häme aus, seinen Neffen zu demütigen. In diese Düsternis traf ihn ein großes Glück: eine Frau, hübsch, groß gewachsen, voller Fröhlichkeit und Humor. Sie hatte Mitleid mit diesem bedrückten, schwermütigen jungen Mann. Sie heirateten und bekamen vier Söhne. Der zweite war Georg. Er kam, wie schon erwähnt, mit einer Behinderung zur Welt. Seine Mutter meinte, es hätte sich die Nabelschnur um das Ärmchen gewickelt und es hätte daher nicht wachsen können. Die Umgebung war abergläubisch: Ein Mensch, der so auf die Welt kommt, ist von Gott gestraft worden. Ja, und wenn das so ist, kann ja wohl jeder sein „Mütchen" an ihm kühlen, das ist nur gottgefällig! So gewinnt man ein schwarzes Schaf, an dem man ruhigen Gewissens seine eigene Bosheit loswerden kann. Für Georg sah das so aus: Sobald er zur Straße ging, wurde er von anderen Kindern bespuckt, mit Steinen beworfen und in beschämendster Weise verhöhnt. Möglicherweise erhielt er auch von seinen Eltern nicht die nötige Hilfe. Für den Vater wiederholte sich die eigene erlittene Scham, die man ja auf gar keinen Fall auch noch zugeben durfte. Vor dieser Qual mußten die Augen verschlossen werden. Und die Mutter schämte sich für ihn vor den Leuten. Sie wollte doch auch nur das Gute und Schöne, und auf jeden Fall keinen Streit oder ungaten Ruf.

Georg entwickelte mit dem einen gesunden Arm ebensoviel Geschicklichkeit wie andere mit zwei gesunden Armen. Er konnte schwimmen, Gartenarbeiten verrichten und auch Klavier spielen. Verwunderlich war aber nicht, daß er in der Schule versagte. Durch all die Verletzungen, die er auf dem Schulweg und in der Schule erleiden mußte, war es ihm unmöglich, sich auch noch auf das Lernen zu konzentrieren. Er träumte davon, ein Held zu werden oder aber ein großer Künstler. Begabungen hatte er. Aber schnell mußte es gehen, möglichst schnell, um sich aus seiner quälenden Existenz wie ein Phönix aus der Asche erheben zu können. Doch so einfach wie er es träumte, ging das nicht. Enttäuschung war die Folge. Er spürte den kreativen Bereich in sich, aber ihn wirklich zur Gestaltung zu bringen, gelang nur in Ansätzen. Als er zum jungen Mann heranwuchs, bemerkte er, daß er allein durch diese Ansätze in seiner Umgebung Aufmerksamkeit erweckte. Da er über organisatorische Fähigkeiten verfügte, konnte er Gleichgesinnte und Interessierte in kleinen gesellschaftlichen Gruppen an sich binden. Das half ihm sehr wohl über seine Tragik hinweg, wenigstens in geringem Maße. Doch wenn er die Augen verschloß, dann war es schon etwas. Und wer würde in einem solchen Fall nicht gerne die Augen verschließen? Auch bei den Frauen fand er Anklang. Er konnte sie mit verliebten Versen einstimmen, konnte mit einer klaren, wohltönenden Tenorstimme Liebeslieder singen, das wirkte. Und da kam er sich wirklich wie ein Held und wie ein Künstler vor. Das trug ihn fort in seinen Träumen, ließ ihn in der Luft tanzen. Er flog über dieses Jammertal der Welt hinweg. Aber dabei blieb es auch. Mit der Realität im Alltag wollte er sich nicht auseinandersetzen, schon gar nicht mit seinem eigenen Werdegang. Die Bitterkeit eigener Fehlhaltungen und Mißbildungen in Geist und Seele wahrzunehmen, konnte er nicht aushalten. Ganz davon abgesehen, daß ein solches Tun unendlich Mühe kostet und Wunden aufreißt, die über Tränen geheilt werden müssen. Er ging den sehr viel einfacheren Weg der Oberflächlichkeit, die Tiefe vortäuschte. Glücklicher wurde er nicht dabei. Im Gegenteil, er spürte ja, daß er seine Möglichkeiten nicht entwickelte. Auch war seine Gefühlswelt erstickt. Und um so mehr verstrickte er sich in Frauengeschichten und nach außen gerichteten Aktivitäten.

Die neue Wohnung

Christines Eltern hatten eine kleine Wohnung in einem Neubau bezogen. Es war einer dieser einfallslosen Bauten, die zweckmäßig, billig gebaut und sehr häßlich waren. Die Straße war so eine typische, schnell gewachsene Vorortstraße im Industriegebiet. Zusammengewürfelt aus alten Kotten, schnell gebauten großen Mietshäusern und kleinen Geschäften. Zumeist wohnten dort Arbeiter und kleinere Angestellte, eine ärmliche Gegend, aber für Christine voller Romantik. Gegenüber war ein Bäcker mit einem winzigen Laden. Dieser bestand aus einer hohen Treppe, die in einen ganz kleinen Ladenraum führte. Die Bäckersleute hatten zwei Jungen, die etwas älter als Christines Bruder waren. Die drei Jungen spielten viel miteinander und da durfte Christine auch mitmachen. Es war streng verboten in die Backstube zu gehen, aber hin und wieder schafften die Kinder es doch, wenn der Bäcker nicht da und die Mutter im Laden war. In der Backstube roch es so gut. Sie war schmal und lang wie ein Flur. Links und rechts gab es Nischen, die sich hintereinander reihten. In jeder Nische standen zwei lange Beine mit weißen Hosen, und ganz oben auf dem Kopf saß eine weiße Haube. Viel mehr als die Beine konnte Christine kaum sehen. Jeder der Bäckergehilfen hatte einen kleinen Tisch vor sich, wo Teig gerollt und verarbeitet wurde. Über allem lag eine dünne Schicht Mehl. Der Anblick und der Geruch waren außerordentlich appetitanregend, aber auch nur irgendein Stück Backware wegzunehmen, das trauten sich die beiden Bäckerskinder nicht. Bei der Mutter im Lädchen gab es zuweilen ein paar Schokoladenkaffeebohnen.

Einige Häuser weiter wohnte der Milchmann. Der fuhr die Milch jeden Morgen mit einem Pferdefuhrwerk durch ein Stadtviertel. Er hatte große Milchkannen auf dem Wagen, und aus diesen wurde mit Meßbechern die Milch verkauft. Neben dem Wagensitz war eine große Glocke angebracht, die schon von weitem läutend signalisierte, daß der Milchmann kommt. Er verkaufte auch Butter und Quark. Der Wagen stand in einer großen, etwas düsteren Remise. Der Milchmann hatte auch Kinder, und so war es ganz selbstverständlich, daß die Nachbarskinder in der Remise spielen durften. Nachmittags stand der Wagen dort und wurde beklettert. Oben auf dem Sitz zu thronen, die Glocke zu läuten, die imaginären Zügel zu halten und als Milchmann durch die Straßen zu fahren, war schon ein Hochgefühl für Christine.

Die Häuser gegenüber waren etwas zurückgesetzt gebaut, so daß ein Platz entstand, wo die Kinder miteinander spielen konnten. Christine war wohl noch klein, versuchte aber bei den Spielen mitzuhalten. Die größeren Kinder waren sehr freundlich, sie erlebte nie etwas Böses in dieser Straße. Weil sie neugierig war, lief sie auch den Kindern hinterher und kam so in die verschiedensten Wohnungen. Eine Familie gab es mit vielen Kindern, die alle blonde Locken und blaue Augen hatten. Da sah eins aus wie das andere. Christine fand sie sehr hübsch. Es waren ganz arme Leute, vermutlich war der Vater arbeitslos. In der Küche standen ein Schrank, ein Herd, der mit Holz und Kohle befeuert wurde, und ein Tisch mit weniger Stühlen als Kinder da waren. Sie mußten beim Essen stehen. Der Raum, wo die Kinder schliefen war groß, doch kein Möbelstück stand darin. Es lag nur Stroh zum Schlafen auf dem Boden und dazu ein paar lumpige Decken. Es war eine sehr harte Armut. Doch waren es fröhliche, liebenswerte Kinder. Eins von ihnen war in Christines Alter, und eine Zeitlang waren sie später in derselben Schulklasse. Im Dachgeschoß, in der Wohnung über Christines Familie, wohnte ein Hausierer mit Frau und Kind. Der Junge war genauso alt wie Christine und so ging sie des öfteren hoch. Die

Familie hatte nur zwei Zimmer, das andere war Speicherraum. In der kleinen Küche stand auch ein Kohleherd. Er stand mit seinen vier Beinen in vier kleinen runden Glasschalen, was Christine sehr eigenartig fand, dachte sie doch, solch kleine Glasschälchen müßten unter dem großen Herd zerbrechen. Aber die Mutter des Jungen lachte und sagte, Christine sei dumm, sie könne doch sehen, daß sie nicht kaputt seien. Das war einleuchtend, ebenso eine andere Antwort, die sie ihr einmal beim Kartoffelschälen gab. Sie aß ein Stück rohe Kartoffel, gab ihrem Sohn eins und bot Christine auch eins an. Christine nahm es nicht an, weil ihre Mutter sagte, rohe Kartoffeln seien giftig und man müsse davon sterben. Da lachte die Frau wieder und meinte, dann müßten wir jede Woche ein paar Mal sterben. Einmal nahm Christines Schwester sie mit zu einer Schulfreundin. Die wohnte auch in dieser Straße, aber in einem schöneren Teil, wo kleine Fachwerkhäuser inmitten von Gärten standen. Sie saßen draußen im Garten unter einer Holzpergola, die ganz bewachsen war. Es war sonnig und warm, durch das Blattwerk fiel das Sonnenlicht und übersäte den Tisch, die Bank, den Boden und die Kinder mit lichten Flächen. Das Grün der Blätter war sanft durchleuchtet. Zum ersten Mal in ihrem Leben wurde es Christine ganz heiß vor Glück. Etwas Schöneres konnte sie sich nicht vorstellen. Es war, als würde die Sonne in sie hineinfließen. Sie wäre am liebsten gar nicht weggegangen. Die Schwester nahm sie aber nur das eine Mal mit. In Christine blieb die Sehnsucht nach einem so wundervollen Stückchen Garten.
Anscheinend besaß Christine ein sehr frühes, waches Bewußtsein, denn sie konnte sich an vieles erinnern aus der Zeit, in der sie noch gar nicht laufen konnte. Sie lief aber, wie die Mutter sagte, schon mit elf Monaten. Vorher kletterte sie auf alles hinauf. So konnte sie sich an das morgendliche Babybad erinnern. Die Wanne stand auf einem Hocker und einem Stuhl gleich hinter der Küchentür. Das Baden war ihr sehr unangenehm, weil zum Schluß immer ein Schub Wasser über das Gesicht

geschüttet wurde und das lief in Nase, Augen und Mund. Jedesmal hatte sie Angst davor. Einmal wachte sie nachts auf und hatte große Angst. Sie schrie, doch niemand kam. Da kletterte sie über die Gitterstäbe des Bettchens und ließ sich auf den Boden fallen. Unten durch die Tür sah sie einen hellen Lichtstreifen und kroch dahin. Die Tür wurde geöffnet und eine fremde Frau stand da und schimpfte wütend, nahm das Kind hoch und brachte es sehr unsanft ins Bett zurück, ohne ein liebevolles Wort oder gar ein besänftigendes Streicheln. Die Tür fiel ins Schloß.

Sie wurde auch viel ins Wohnzimmer eingeschlossen, weil ihr ständiges Krabbeln und Klettern lästig war. Der Tisch im Wohnzimmer hatte an den Beinen dicke Kugeln, je zwei übereinander, wobei die obere kleiner war. Zwischen den beiden Kugeln waren diagonal Bretter zum gegenüberliegenden Bein angebracht. In der Mitte bildeten sie ein schräges Kreuz. Oben unter der Tischplatte hatten die Beine noch zwei übereinanderliegende Holzringe. Die Stühle standen immer auf dem Tisch. So einen Stuhl zu erreichen und sich auf ihn zu setzen, mußte wohl für Christine einen starken Reiz ausgeübt haben. Jedenfalls erreichte sie das Ziel immer ohne herunterzufallen. Einmal sah sie auf der Fensterbank einen ganz kleinen Puppenwagen, der war aus dünnem Holz geflochten und mit blauer Farbe bemalt. Links und rechts war ein buntes Blümchen. Im Wagen lag eine winzig kleine Puppe. Die hatte ein rosa Kleid mit einem Druckknopf an. Wie Christine auf die Fensterbank geklettert war, das hat sie vergessen, aber nicht das Entzücken über diesen reizenden Fund.

Als sie noch sehr klein war, noch ein Baby, da spielten eine junge Aushilfe und ihr Vater mit ihr Ball im Wohnzimmer. Sie warfen sich das Kind immer über den Tisch gegenseitig zu. Da der Vater nur einen Arm hatte, verpaßte er den „Babyball" einmal, Christine schlug mit dem Hinterkopf auf die Tischplatte, wurde ganz blau und steif und verlor das Bewußtsein. Die Eltern glaubten das Kind sei tot. Christine überlebte jedoch.

An diese Geschichte allerdings konnte sie sich nicht erinnern. Doch daran, daß ihre Schwester sie schon früh quälte, wenn es nur möglich war. Sie kniff und piesackte Christine in allerlei Weise. Die Eltern übersahen das. Sie wurde dafür nie getadelt. Wie sie überhaupt von den Eltern in jeder Weise bewundert wurde. Lea war das Vorzeigekind. Beide Eltern hatten eine merkwürdige Beziehung zu diesem Mädchen. War es, weil sie es in einer Zeit zeugten, in der das Leben noch glücklich und voller Zukunft war, oder auch weil es, zumindest als Kind, mit seinem dichten braunen Lockenkopf sehr hübsch war und von allen bewundert wurde. Jedenfalls identifizierten sich die Eltern beide mit ihr. Und darum stand für sie fest, daß dieses Kind das schönste, klügste und liebste war. Sie fühlten sich durch dieses Kind auch bewundert, schön und klug. Alles, was sie tat und sagte, nahmen sie ihr ohne jede Kritik ab, und so merkten sie viele, viele Jahre nicht, daß Lea log wie ein Weltmeister und ihnen ständig die unglaublichsten Geschichten servierte. Möglich ist, daß sie es auch gar nicht merken wollten, denn sie belogen sich selber auch ständig, um ihr Leben erträglicher zu machen. Christine konnte sich nicht erinnern, daß ihre Schwester jemals geschlagen wurde, während sie selber laufend verprügelt wurde und der Bruder manchmal, aber lange nicht so oft. Die Mutter betonte, daß ihr der Bastian der liebste war. Das mag auch so gewesen sein. Aber ihren ständigen Ohrfeigen, die sie austeilte, konnte er auch nicht entgehen und bekam davon ein nervöses Muskelzucken im Gesicht, das er sich als Halbwüchsiger mit viel Mühe und eiserner Disziplin abgewöhnen oder besser gesagt ruhigstellen konnte.
Es war ein heller Sommertag, Christine spielte auf dem kleinen Balkon, der zur Wohnung gehörte, da rief die Mutter die beiden Mädchen zu sich. Sie hatte zwei wunderhübsche Kleidchen genäht, aus grünem Stoff mit zarten weißen Ornamenten bedruckt. Schwarzes Samtband zierte den Halsausschnitt, die Passe und den Rocksaum. Christine war hell begeistert. Es war das erste Kleidungsstück, an das sie sich erinnern konnte. Doch Lea

hatte das Samtband als Taillenschluß und ihr eigenes Kleid war ein Hängerchen. Sie war ja auch noch keine zwei Jahre alt, die erreichte sie erst im Herbst. Aber so schön wie sie das Kleid fand, so gerne hätte sie auch das Samtband in der Taille gehabt. Doch blieb die Freude groß, und die Mutter knipste ein Foto von den beiden Töchtern. An einem späten Herbsttag gegen Abend wurde Bastian vermißt. Auf der Straße war er nicht aufzufinden. Vermutlich war er auf Entdeckungsreise gegangen und hatte sich verlaufen. Er wurde gesucht. Als er dann schließlich zu Hause ankam, schlug der Vater ihn so ungehemmt, daß die Mutter dazwischenfuhr, weil sie befürchtete, er würde ihn zu Tode schlagen. Es war ein furchtbarer Abend. Es war, als verdichteten sich die Qualen zur Unentrinnbarkeit. Es waren die Qualen, die die Eltern auszustehen hatten, besonders der Vater. Sie lebten in Unfreiheit und Abhängigkeit, dem Diktat von Gertrudes Vater unterworfen.
Georg suchte aus dem unerträglichen Alltag einen möglichen Ausweg. Es gab einen städtischen Chor, der bei Musikveranstaltungen gehobener Art Konzerte in verschiedenen Städten gab. Dort fand er mit seiner Stimme Anerkennung, und das Singen klassischer Musik machte ihm Freude. Er fand einen Kreis Gleichgesinnter, die sich des öfteren zu einem Glas Wein trafen. Auch Gertrude fühlte sich dort sehr wohl. So war zum Alltag ein wenig Ausgleich geschaffen.
Eines Abends, es war schon dunkel, begann ein Haus in weiterer Entfernung zu brennen. Vom Küchenfenster aus konnte man es sehr gut sehen. Davor waren nur Gärten, Felder und Wiesen, die etwas bergab lagen. Christine stand auf der Fensterbank und hörte, wie die Erwachsenen schreckliche Geschichten vom Feuer und verbrannten Menschen erzählten. Es war so unheimlich, und in Christine stieg ein dumpfes Grauen auf. Ab da hatte sie große Furcht, verbrennen zu müssen.
Ein weiteres sehr grausiges Geschehen erlebte Christine durch die Hausbesitzer. Diese wohnten im gleichen Haus im Parterre, hatten hinter dem Haus einen Hof und einen kleinen Nutzgar-

ten. Sie mästeten ein Schwein. Das wurde an einem sonnigen Herbstnachmittag geschlachtet. Christine spielte auf dem Balkon, wo eine drei- oder vierstufige kleine Treppenleiter stand, die zum Fensterputzen und für hohe Schränke benutzt wurde. Da schallte vom Hof ein entsetzliches Geschrei hoch. Christine stieg auf die Leiter und schaute runter. Da sah sie, wie zwei Männer dem Schwein ein Loch in den Hals stießen, und zwar bei lebendigem Leibe. Christine schrie voller Entsetzen, sie fühlte mit dem Schwein dieses grausame Geschehen, als wäre sie es selber. Dem Schwein lief das Blut im Strahl aus dem Hals. Es wurde in einer großen Schüssel aufgefangen. Die Mutter rief aus der Küche, Christine solle doch nicht so laut schreien, wenn sie das nicht sehen könne, müsse sie von der Leiter herunter gehen. Sie ging auch runter, mußte aber wie im Zwang sofort wieder hoch steigen und weiter zusehen. Das Schwein schrie und schrie, es wurde ihm zwischenzeitlich immer eine Möhre in den Hals gesteckt, um das Blut zu stoppen. Es dauerte eine Ewigkeit bis es endlich sterben konnte und von dieser entsetzlichen Qual erlöst war. Die Hausbesitzerin saß auf der Treppe, hatte die Schüssel auf ihrem breiten Schoß und rührte unentwegt das Blut. Als Christine aufhörte zu schreien, wurde ihr übel und schwarz vor Augen, und sie sank auf den Boden. Am nächsten Tag schaute sie noch einmal herunter. Da hing das Schwein an einer Leiter, sie hatten es an den vier Beinen festgebunden. Der Leib war aufgeschnitten und vermutlich die Eingeweide herausgeholt, denn das Fleisch war blaß und kein Blut war mehr zu sehen.

Vielleicht war diese Geschichte der Grund, warum Christine später kein Fleisch mehr essen wollte, weil sie jedes Mal, wenn sie es mit Messer und Gabel zerschneiden sollte, das Gefühl hatte, es sei ihr eigenes Fleisch. Hände und Arme zitterten so, daß keine Kraft zum Schneiden da war. Sie wurde nicht gezwungen zu essen, aber wenn es etwas ganz Besonderes gab, zum Beispiel eine Gans zu Weihnachten, forderte die Mutter sie schon auf, es wenigstens zu versuchen. Dann mußte Christine

ihre Phantasie walten lassen. Sie stellte sich vor, daß sie beim König oder Kaiser eingeladen sei, in einem herrlichen Schloß mit Dienern, die das Beste zum Essen auftischten und eventuell den undankbaren Gast in den Kerker warfen oder ihn gar köpften. Solche Vorstellungen halfen ihr auch, wenn sie bei fremden Leuten eingeladen war. Doch wenn es hart kam, wagte sie doch das Essen abzulehnen.
Gertrudes Mutter hatte Geburtstag. Die Eltern mit den Kindern waren eingeladen. Großmutter hatte im Wintergarten, der sich dem Eßzimmer anschloß, einen Geschenktisch aufgebaut. Diese Geschenke hatte nicht sie bekommen, sondern an ihrem Geburtstag wollte sie die Familie beschenken. Christine bekam zwei kleine Puppen, ein Mädchen und einen Jungen, liebevoll mit Anzug und Mützchen behäkelt. Besuche bei den Großeltern waren wohl sehr selten, Christine hatte nur eine schwache Vorstellung von ihnen. Sie erinnerte sich wohl noch an den Großvater, der zwei gesunde Arme hatte, was ihr seltsam erschien. Zumindest bis dahin hatte sie geglaubt, Männer hätten nur einen Arm. Die Großeltern lebten in einem großen, sehr schönen Jugendstilhaus. Auch der Garten war groß und gepflegt. Er teilte sich in einen Parkgarten und in Obstwiesen mit Nutzgarten. Den Nutzgarten gab es allerdings nur so lange, wie die Großmutter, die vom Land stammte, noch bei Sinnen war. Sie zog auch Ziegen und Hühner. Als Gertrude ein Kind war, besaßen sie und ihre Geschwister einen Ziegenwagen, mit dem sie in der Gegend herumkutschierten. Das ganze Anwesen hatte einen reichen, vornehmen Charakter. Die Straße davor war mit einer Baumreihe bepflanzt, zumeist mit Linden. Die gegenüberliegenden Häuser waren zwar aneinander gebaut, jedoch groß und im feinsten Jugendstil, mit Vorgärten, deren Holzzäune weiß gestrichen waren. Die Gärten lagen hinter diesen Häusern. Der Unterschied zu der Wohnung der Eltern war gravierend. Sicherlich war das für Gertrude, die im sorglosen Wohlstand aufgewachsen war, schwer zu ertragen. Ab dieser Geburtstagsvisite brach im schnellen Verlauf der Verstand der Großmutter zusammen. Sie

wurde wahnsinnig. Die ersten epileptischen Anfälle hatte sie bekommen, als sie als junge Lehrerin tätig war. Sie wurde aus diesem Grunde frühzeitig pensioniert und lebte dann mit ihrer Mutter zusammen. Der Großvater war elf Jahre jünger als sie und hatte als Halbwüchsiger Privatunterricht in Französisch bei ihr bekommen. Er verlor seine Mutter sehr früh. Und da war es vielleicht nicht verwunderlich, daß er sich in seine Lehrerin verliebte. Großvater wuchs in Armut auf. Sein Vater war Arbeiter in einer Zeit, wo es wenig Geld, aber lange Arbeitszeiten gab. Die meisten von ihnen besaßen einen kleinen Kotten, um sich das Notwendigste zum Leben selber anpflanzen und ziehen zu können, sowie Hühner und eine Ziege. Urgroßvater war ein starker, kluger Mann. Er erlernte alle Fachgebiete eines Arbeiters in eisenverarbeitenden Betrieben. Auch das Bergwerk lernte er kennen. So arbeitete er sich hoch als Monteur. In dieser Stellung verdiente er gut und konnte sich ein schönes Haus mit Garten kaufen. Seine Frau, die er sehr liebte, verlor er nach dem letzten Kind an – wie man damals sagte – galoppierender Schwindsucht. Daran starben sehr viele Frauen. Sie waren ausgezehrt vom vielen Kinderkriegen und der Arbeit. Haus, Kinder und Kotten hatten sie zu versorgen. Die Männer konnten nicht helfen, dazu war die Arbeitszeit zu lang und die Wege zur Arbeit zu weit. Sie mußten noch alles zu Fuß schaffen. Und sie mußten hart mit den Händen arbeiten. Es gab noch nicht viele Maschinen, die ihnen die Arbeit abnahmen.
Urgroßvater hatte alles Elend, das in diesem Stand durchzustehen war, am eigenen Leib ertragen. Er wollte sich auch hocharbeiten. Als Monteur arbeitete er mit Ingenieuren zusammen, die ihm die Anweisungen gaben. Ihm wurde bald klar, daß er sehr viel mehr konnte und wußte als diese. Und es wuchs der Entschluß, selber Maschinen zu entwerfen und zu bauen. Da er die überaus schwere Arbeit in den Bergwerken kannte, entschloß er sich, Elektrobohrer und Bergwerkslokomotiven zu bauen. Zu seiner Zeit zogen Pferde die Loren in den Gruben. Sein Vater hatte sie noch selber gezogen. Der hatte auch noch große, mit

Kohlen beladene Karren kilometerweit zum Fluß geschoben, wo sie auf Kähne geladen wurden. Waren diese Kähne voll, zogen mehrere Männer gemeinsam die Kähne weite Strecken in den Schiffskanal. Auch das wurde später von den Pferden getan. Urgroßvater verkaufte mit 53 Jahren sein schönes Haus, um Geld zu bekommen. Er benötigte Eigenkapital, um Geld von den Banken aufnehmen zu können, ein wahrhaft mutiges Unternehmen. Das war in der Gründerzeit. So hatten die Industriellen ja alle angefangen. Das wagemutige Unternehmen gelang. Es dauerte nicht lange, da war der Urgroßvater ein gemachter Mann und konnte es wagen, ein großes Haus auf einem großzügigen Gelände zu bauen.

Gertrudes Vater war eher ängstlich und auch technisch nicht so begabt wie ihr Großvater gewesen war. Am liebsten wäre Gertrudes Vater Pastor geworden, behütet im Glauben und in einer sicheren Stellung. Das ließ sein Vater nicht zu. Er war der einzige Sohn, und der sollte selbstverständlich sein Lebenswerk weiterführen. Das war zu dieser Zeit auch nicht schwer, denn er übernahm eine gutgehende Firma. Die Schwierigkeit bestand im gesellschaftlichem Umfeld. Neue Emporkömmlinge wurden durch die bereits über eine Generation gewachsenen Aufsteiger erst einmal verachtet. Das war ziemlich lächerlich, da alle klein angefangen hatten. Daß dieses Hocharbeiten eine enorme Sache war, das sah man nicht, sondern nur die Armut. Auch die Verachtung gegenüber dem Arbeitermilieu, aus dem man kam, spielte wohl eine Rolle. Das mußte also ganz schnell geleugnet und vergessen werden. Der Großvater versuchte sich so gut wie möglich zu bilden. Er las sehr viel, blieb aber zeitlebens unsicher, was er natürlich niemals zugeben konnte. Er war hoch moralisch, sehr streng und der Familie gegenüber herrschsüchtig. Dahinter stand die Angst, aus den Kindern könne womöglich nichts werden und auch er könne die Firma eines Tages nicht mehr aufrechterhalten. So war auch sein Geiz zu verstehen. In ihm und in seiner frömmelnden eisernen Moral suchte er Schutz. In dieser Haltung konnte er sich nie in andere hineinversetzen, statt dessen mußte er sie hart beherrschen. Die Großmutter hatte sich lange gewehrt, ihn zu heiraten. War sie doch krank und elf Jahre älter. Schließlich gab sie dem langen Drängen nach. Für den Großvater war sie die ideale Frau. Sie war gebildet, das gab ihm Halt, und sie war auch etwas wie ein Mutterersatz. Zudem bekam sie eine sichere Pension auf Grund ihrer Epilepsie, mit der sie sich, so glaubte man damals, in der Schule angesteckt hatte.

Als Christine gerade vier Jahre alt geworden war, zogen die Eltern ins großelterliche Haus. Vermutlich, weil ihnen die Miete zu teuer geworden war, aber vielleicht hatte der Großvater seine Tochter auch darum gebeten, denn die Großmutter war wahnsinnig geworden. Man konnte sie nicht mehr allein lassen, sie mußte ständig beaufsichtigt werden und bekam eine eigene Pflegerin. Der Umzug fand an einem Oktobertag statt. Christine und Bastian wurden bei Nachbarn in Obhut gegeben und erst gegen Abend abgeholt. Es war schon dunkel. Die Kinder waren sehr aufgeregt und freuten sich auf die neue schöne Umgebung. Die Aufregung war auch noch im großväterlichen Haus groß. Noch war nicht alles eingerichtet und die Mutter ärgerte sich sehr, weil ihre schöne Schlafzimmerlampe einen Sprung bekommen hatte. Die Möbelpacker waren wohl nicht sehr sorgfältig damit umgegangen.
Am anderen Morgen lief Christine gleich in den Garten. Sie fand alles so schön und ein Hochgefühl überkam sie. Sie spürte, daß dieser äußere Rahmen etwas Besonderes war. Sie ging zum Zaun, der das Grundstück zur Straße hin begrenzte, schaute durch die eisernen Gitterstäbe und glaubte, jeder Vorübergehende müsse sehen, daß sie nun ein besonderes Kind sei. Es machte sie stolz und gab ihr Sicherheit.
Doch in diesem Haus, in dem sie sieben Jahre wohnte, begann für sie ein schwerer Leidensweg. Christine wurde als Sündenbock abgestempelt. Beide Eltern übertrugen ihre eigenen Schattenseiten, denen sie selber nicht ins Gesicht sehen wollten, auf

ihr jüngstes unerwünschtes Kind. In ihren Augen war sie häßlich, und man mußte sich ihrer schämen. Sie war bösartig und hatte einen schlechten Charakter. Sie war dumm und aus ihr konnte wohl nichts werden. Und dazu schrie sie auch noch so schrecklich bei jedem „kleinsten" Anlaß. Sie mußte ein Wechselbalg sein, denn so etwas Schreckliches konnte unmöglich das Kind von Gertrude und Georg sein. Das hatten sie nicht verdient. Ein Sargnagel war sie und das furchtbarste Kind, das man sich denken konnte.
Anfangs ließ sich alles noch recht gut an. Die neue Umgebung wurde entdeckt und Freundschaften wurden geschlossen. Schräg gegenüber wohnte der Direktor der Grundschule, in die Lea und Bastian gingen. Sie hatten vier Kinder. Das Älteste war schon in der Lehre und das Jüngste war in Christines Alter. Der Vater war passionierter Reiter, und so hatten die Kinder in der großen Küche ein fast lebensgroßes Pferd mit Sattel und Zügeln stehen. Das war wohl etwas Großartiges und Christine liebte es, auf das Pferd gehoben zu werden. Selber raufsteigen konnte sie da nicht, es war zu hoch.
Etwas weiter weg, hinter einer Eisenbahnbrücke wohnte die vierjährige Inge. Auch da wurde schnell Freundschaft geschlossen. Überhaupt hatte Christine das Wissen, sie konnte hingehen wohin sie wollte, sie wurde freundlich aufgenommen, weil sie die Enkelin des Großvaters war. Die Eltern hatten nun etwas mehr Geld zur Verfügung, und so wurde gleich ein Kindermädchen eingestellt. Dieses Kindermädchen war für Christine ein ganz großes Glück. Martha war ein Geschöpf von klarer, reiner Lauterkeit. Etwas, das wohl selten zu finden ist. Sie war einfältig, aber sie dachte mit dem Herzen. Als sie ins Haus kam, war sie selbst fast noch ein Kind. Es war ihre erste Anstellung nach der Ausbildung als Säuglingsschwester. An dem Morgen als sie kam, war nichts zu tun, und so schickte die Mutter sie mit Christine in den Garten. Christine zeigte ihr alles. Unterwegs war ihr ein Kieselstein in den Schuh gerutscht. Martha bückte sich und wollte ihr den Schuh ausziehen, wurde aber mit der

Schnalle nicht ganz fertig. So zeigte Christine ihr, wie sie zu öffnen war und wie man sie wieder schließt. Sie war ganz gerührt, daß Martha ihr den Schuh aus- und wieder anziehen wollte. Sie schlossen sich gleich gegenseitig ins Herz. Martha nannte sie mein Herzblättchen.

Gertrude hatte, was die Kindererziehung anbetraf, eine erstaunliche Grundeinstellung. Diese war ihr vermutlich von einem Menschen, den sie gern hatte und bewundernswert fand, vermittelt worden. Aus ihrem eigenen Gedankengut konnte sie nicht stammen. Weder Gertrude noch Georg hatten innerlich die Freiheit, selbständig denken zu können. Sie übernahmen Gedankengut. Und einmal übernommen, gingen sie davon nicht mehr ab. Reflexion war ihnen unbekannt. Sie befand, Kinder müssen alles spielen können, ohne daß sich die Erwachsenen einmischen. Kinder brauchen Freiheit, um sich entwickeln zu können. Das war eine großartige Einstellung. Sie wurde tatsächlich auch nie beschnitten. So konnten die Kinder draußen tun und lassen, was sie wollten. Sie konnten auch hingehen, wohin sie wollten. Das dies auch große Gefahren beinhaltete, darüber wurde von Seiten der Erwachsenen nicht nachgedacht. Vermutlich fehlte zumindest bei Gertrude dazu auch die nötige Phantasie. Auch im Haus durften die Kinder alles spielen und sich auch die nötigen Requisiten dazu besorgen. Nur anschließend aufräumen mußten sie. Und das ist ja auch etwas sehr Wichtiges, um ein Kind dahingehend zu erziehen, Ordnung in sein eigenes Tun in Selbstverantwortung zu bringen. Eines steht fest, eine solche Erziehung fördert die Entfaltung von Kreativität des Kindes und zwar ohne jede Bremse. Sie macht auch selbständig und selbstbewußt. Ohne diese Möglichkeit hätte Christine nicht lange überlebt. Das war auch mit dieser Art von Freiheit schon fast ein Wunder. Grenzen wurden auch gesetzt. Es mußten die Uhrzeiten bis auf die Minute genau eingehalten werden. Wurden sie überschritten, gab es Prügel und nichts zu essen. Gründe anführen oder sich verteidigen durfte man nicht. Das war unerbittlich und wurde ungerecht

gehandhabt. Es stand kein Verstehen und auch keine Liebe dahinter, sondern nur das Gebot. Christine hatte zweimal das Gebot überschritten. Sie war diesbezüglich sehr vorsichtig, weil sie ohnehin ständig geprügelt wurde. Das erste Mal hatte die Mutter von Freundin Inge sie überredet, mit ihnen in die Stadt zu gehen. Vorsichtshalber hatte Christine das zu Hause gesagt. In der Stadt ließ diese Frau die Kinder an einer Normaluhr stehen und sagte, sie würde früh genug zurückkommen. Inge wußte, daß ihre Mutter zu einer Cousine ging, auch wußte sie wo diese wohnte. Aber dahin durfte sie unter strengster Strafandrohung nicht kommen. Jahre später hörte Christine von ihrer Mutter, daß diese Frau mit ihrer Cousine so etwas wie ein Privatetablissement unterhielt. Die beiden Kinder standen in der Stadt an einem Verkehrsknotenpunkt unter der Uhr und warteten und warteten. Sie wurden auch von Erwachsenen beobachtet und gefragt, ob sie sich verlaufen hätten. Es wurde dämmrig und Christine, die sehr früh gelernt hatte, die Uhr abzulesen, sah, daß es auf sechs Uhr zuging. Um diese Uhrzeit mußte sie zu Hause sein. Sie hatte nur eine schwache Vorstellung von dem Weg. Aber schließlich versuchte sie in ihrer Angst zurückzufinden. Auf einer Straße, die schon in der Nähe von zu Haus lag, kam ihr ihre Schwester entgegen. Sie feixte schon von weitem: „Du kannst was erleben, du kriegst vielleicht Prügel!" Sie malte mit größtem Vergnügen und viel Phantasie ein Horrorbild von dem, was sie zu erwarten hatte. So etwas machte Lea unheimlich Spaß, und sie ließ keine Gelegenheit aus, um sie bei den Eltern anzuschwärzen. Zu Hause angekommen, half es nichts zu sagen, daß die Frau sie im Stich gelassen hatte.
Das zweite Mal passierte es, als sie schon zur Schule ging. Sie hatte sich mit einem Kind angefreundet, daß fast täglich nach den Hausaufgaben zu Christine zum Spielen kam. Dieses Kind, Lise, hatte einen behinderten Onkel zu Hause und ihre Mutter war froh, daß Lise in einem angesehenen Hause eine Spielmöglichkeit hatte, um sie von dem Onkel fernzuhalten. Von dieser

Frau wurde Christine eingeladen, mit ihr und Lise zur Kirmes in einem Vorort zu fahren. Christine willigte erst ein, nachdem sie ihr das Versprechen abgenommen hatte, pünktlich wieder zu Hause zu sein. Lises Mutter dachte gar nicht daran, ihr Versprechen einzuhalten. Sie war extrem herrschsüchtig und sah es als ein Vergnügen an, den reichen Leuten mal eins auszuwischen. Sie quälte auch ganz gern. Christine wurde immer nervöser. Jedesmal, wenn eine Straßenbahn kam, fing sie an zu betteln, sie möchten doch jetzt nach Hause fahren. Lises Mutter lachte nur und sagte. „Wir kommen noch früh genug zu spät!" So lernte Christine Gefahren kennen. Früher, im ersten Sommer nach dem Umzug, war sie einer ganz anderen Art der Gefahr begegnet. Es war warm, die Sonne schien, da traf sie auf der Straße einige Kinder aus der Nachbarschaft, die älter waren als sie. Auf die Frage, wohin sie gingen, sagten sie, daß sie baden gingen, und luden Christine ein, doch mitzukommen. Das tat sie gerne, denn draußen baden kannte sie noch nicht. Sie gingen sehr weit, für das kleine Mädchen war es der längste Weg, den es je gegangen war. Am Flußufer an einer Aue hatten sie das Ziel erreicht. Die großen Kinder zogen Badeanzüge an und Christine zog sich nackt aus. Zum Glück saß am Ufer auf einem breiten Stein eine junge Frau mit ihrem Baby auf dem Schoß. Sie ließ ihre Beine im Wasser baumeln und tauchte auch die Beinchen vom Kind hinein. Sie hatte die Kinder beobachtet und rief Christine zu sich. „Kannst du denn schon schwimmen?" fragte sie. Als Christine verneinte, erklärte sie ihr, das Wasser sei tief und so kleine Kinder könnten nicht darin stehen. Sie würden ertrinken und müßten sterben. Was sterben bedeutete, wußte Christine, sie hatte es ja bei dem Schwein gesehen.
Auf dem Nachhauseweg dachte Christine plötzlich, meine Kinder lasse ich später nie einfach allein überall hingehen. Sie wurde vorsichtig. Sie lernte, daß es Gefahren gibt, die sie nicht kennt. Auch lernte sie Erwachsenen zu mißtrauen.

Der Garten wurde für Christine eine Oase. Ein Ort, an dem sie sich auf eine ganz eigene Weise zu Hause und geborgen fühlte. Pflanzen und Tiere wurden ihr zu Mitgeschöpfen, sie empfand sie als liebevoll und die Nähe tat ihr wohl. Immer war alles anders und immer wieder neu. Vom Morgen bis zum Abend, von einem Jahr zum anderen. Jede Stimmung hatte seine eigene Qualität. Ein Morgen war nie wie der andere. Er änderte sich mit dem Wetter, dem Wachstum, den Jahreszeiten. Alles war Bewegung. Das Kind Christine sog alles in sich auf, die Stimmungen, Farben, Formen, das Wehen des Windes, die wärmende und sengende Sonne, Sturm, Nebel, Kälte. Sie liebte die Tiere und sah sich satt beim Beobachten. Sie lag in der Wiese und träumte in den Himmel hinein. Sie suchte das Wahrnehmen von Entzücken, das wie ein Rausch über sie kam. Es gab Blüten, die ihr beim Hineinschauen eine ganz andere, übersinnliche Welt vermittelten. Auch durchsichtige Farben konnten das. Alles, was sie draußen anfaßte, war Nahrung, die sie aufbaute und ihr auf eine nicht erklärbare Weise eine Art zweites Leben gab. Es war wie ein zweiter Mutterleib, in dem ihr eine ganz andere Welt erwuchs, als die, in der sie den Alltag erlebte. Es war eine Welt von ungeheurer Weite, von Licht und Segen. Christine gewann so eine Substanz, die ihr in all ihrer Not Kräfte vermittelte, die sie stärker machten, als sie es als Menschenkind sein konnte. So war es nicht verwunderlich, daß dieses Kind ständig draußen war und freiwillig nur ins Haus ging, wenn sie patschnaß war oder im Winter Hände und Füße steif und blau vor Kälte waren.

Es war kurze Zeit, nachdem sie zum Großvater gezogen waren, als Christine eine seltsame Feststellung machte. Eine fremde Frau war gekommen und unterhielt sich mit dem Kindermädchen. Martha lehnte an einer Anrichte und die Frau stand hinter dem Tisch zur Tischecke hin. Christine stand unweit neben Martha und sah über die Tischkante nur den oberen Teil der Frau. Sie hatte eine kräftige Brust, war blond und hatte ein breites Gesicht. Während sich die beiden unterhielten, stellte Christine plötzlich fest, daß die Frau etwas ganz anderes sagte, als sie dachte. Sie sah was die Frau dachte und hörte was sie sagte. Und das stand im harten Widerspruch. Ob Christine schon vorher etwas wie eine helle Sicht hatte, ist nicht auszumachen. Aber ab diesem Zeitpunkt hatte sie es mit vollem Bewußtsein. Sie sah nicht nur, was einer dachte, sie sah auch wie ein Mensch von innen aussieht. Sein Wesen, das was er dachte und fühlte, seine Leiden, seine Bosheit, seine Schönheit und seine Häßlichkeit. Ab da wußte Christine, daß Menschen zwei Gesichter haben, ein inneres und ein äußeres. Auch daß die beiden Gesichter sehr unterschiedlich sein oder sich auch gleichen können. Ein Mensch, der schön war, konnte ein häßliches Innengesicht haben und umgekehrt. Oder er konnte auch beides in gleichem Maße haben. Lange Zeit glaubte Christine, daß alle Menschen das sehen können. Doch im Laufe der Zeit merkte sie schon, daß es nicht so war. Christine sprach in ihrer Naivität aus, was sie sah. Sie war ja noch zu klein, um die Wirkung auf Erwachsene auch nur annähernd einschätzen zu können. Es wurde zur Katastrophe. Die Erwachsenen reagierten mit Entsetzen und Wutanfällen. Die Folge war, daß das Kind nicht wußte, warum es gestraft wurde. Es schrie und weinte, aber nichts half – im Gegenteil. Sie wurde angeschrien, sie solle aufhören zu weinen, und zwar sofort. Selbst in der größten Angst konnte Christine nicht auf Kommando das Schluchzen einstellen und wurde dann sofort wieder geprügelt. Sie lernte zu schweigen und zu schlucken. Sie bekam in der Folge wohl immer wieder Schluckkrämpfe, wie sie es als Baby gehabt hatte. Aber das ging dann auch wieder vorüber. Nie fragte die Mutter, warum sie weinte. Ein Interesse dafür, wie es in einem Kind aussieht, war nicht vorhanden. Es durfte nicht sein, denn da bestand die Möglichkeit, Kritik an den Eltern zu üben. Kritik konnten beide Eltern nicht ertragen, auch der Großvater nicht. Sie bekamen dann so etwas wie Tobsuchtsanfälle. Die Mutter bekam einmal vor Wut Schaum vor dem Mund, und Christine hatte große Angst, sie könne auch wahnsinnig werden.

In der Folge wurde Christine zum Unmenschen abgestempelt. Die Beleidigungen nahmen kein Ende. Sie bemühte sich in den folgenden Jahren um die Liebe der Eltern, soweit sie es in ihrer Art vermochte. Sie schrieb ihnen Gedichte und malte Bilder für sie, versuchte es auch mit anderen kleinen Geschenken. Aber immer konnte sie nicht schweigen, und die gestaute Wut brach aus ihr heraus.

Auf unbewußte Weise begann sie ihre Aggressionen auszuleben oder auch zu bewältigen. Es war ein Jahr, bevor sie in die Schule kam. Sie hielt sich in der Versuchsanlage der Firma auf. Das war eine wilde Wiese, in der Schienen verlegt waren. Die Loks fuhren dort stunden- und tagelang Probe. Es war Sonntag, und kein Erwachsener hielt sich dort auf. Nebenan stand ein Bürohaus mit großen, in Quadrate aufgeteilten Fenstern. Christine saß auf einem Hügel unweit des Hauses. Sie bohrte in der Tonerde und formte eine Kugel. Die warf sie und traf eines von den Fensterquadraten. Es klirrte und dieses Klirren übte eine solche Faszination auf sie aus, daß sie laufend Kugeln formte und nacheinander über 90 Scheiben zerschlug. Da kam ihr Bruder und sah voll Entsetzen die Bescherung. Im selben Moment wurde Christine bewußt, was sie getan hatte. Blitzschnell ging es ihr durch den Kopf, ihren Bruder verantwortlich zu machen. Sie lockte ihn damit, was es für ein schönes klirrendes Geräusch sei, wenn man die Scheibe zerschlug und gab ihm einen Tonkloß in die Hand. Er zerwarf eine einzige Scheibe. Inzwischen hatten sich an der Umzäunung einige Kinder eingestellt. Da lief Christine hin und veranlaßte sie, über den Zaun zu klettern. Sie wollte sie auch zu Sündenböcken machen. Kaum waren die Kinder auf dem Lehmberg, kam der Großvater. Der machte zuweilen einen Rundgang durch dies Gelände. Er sah die zerschlagenen Scheiben und seine Stirnadern schwollen an. Christine schrie: „Die Kinder waren das und der Bastian!" Zu Hause angekommen, wurde Bastian verprügelt. Das war für Christine

zu viel. Es tat ihr weher, als wenn sie selber geprügelt worden wäre. Sie schrie verzweifelt: „Aufhören! Aufhören! Ich war es, ich habe alle Scheiben zerschlagen!" Ihr wurde so bitter bewußt, daß sie ihren lieben Bruder, der immer nur gut zu ihr war, verraten hatte. Das tat ihr bis in alle Poren weh. Sie kam sich so entsetzlich vor, so wie man sie immer hingestellt hatte. Sie wußte, daß sie so etwas Schreckliches nie mehr tun würde. Der Bruder nahm es hin, ohne sich zu rächen. Er war immer gleich liebevoll zu ihr.
Sie fand eine positive Lösung. Christine besaß einen starken Bewegungsdrang und gleichzeitig die Lust zu formen. Im Garten stand eine Schaukel, die auch Ringe hatte. Im Haus gegenüber wohnte ein junges Mädchen, daß sich sportlich betätigte. Sie besaß ein Turnreck im Garten mit Sandboden darunter. Sie zeigte Christine sämtliche Übungen am Reck und an den Ringen. Christine hatte großen Spaß daran und turnte täglich ein paar Stunden. Freundin Inge machte da auch oft mit. Außerdem war Christine ausgesprochen kreativ. Sie hatte ständig Ideen, die sie sofort in die Tat umsetzte. Da half ihr die Freiheit, in der sie spielen und sich bewegen durfte. Es war ein befreiendes und fröhliches Tun. So lebte das Kind Christine in zwei Welten. Der Garten, eine Oase, aus der sie auch kreativ schöpfte, und die Welt der Erwachsenen, die sie destruktiv erlebte.
Christine kam in die Schule, das war ein aufregendes Ereignis. Freute sie sich doch schon lange darauf, lesen zu lernen, um selber den Text im Wilhelm-Busch-Buch lesen zu können und auch in den Märchenbüchern. Außerdem hatte der Großvater versprochen, wenn sie lesen könne, dürfe sie auch mal am Wochenende eine Autofahrt ins Grüne mitmachen. Das durfte immer nur Lea und zuweilen auch Bastian. Ja, und all die vielen neuen Kinder kennenlernen, Lehrer und Lehrerinnen zu haben ... In der Schule fühlte sie sich glücklich. Sie lernte gerne und war auch die Klassenbeste. Dort konnte sie auch zu bestimmten Festen ihren Drang, Theaterstücke auszudenken und

aufzuführen, verwirklichen. Es gab genügend Kinder, die gerne mitmachten. Sie besuchte viele ihrer Klassenkameraden und bekam vielfältige Eindrücke von Lebensweisen – bösen wie guten. Sie sah Armut im äußeren Lebensstil, aber auch Armut an Liebe. Sie lernte sehr herzliche, innig miteinander lebende Familien kennen. Diese waren eher eine Ausnahme. Eigentlich gab es keinen Grund für den Vater, Christine ständig für sehr dumm zu erklären. Sie war genausogut, wie ihre Geschwister in der Grundschule waren. Er wollte es nicht wahrhaben, im Gegenteil, er bestimmte, daß sie es später höchstens mal zu einer schreienden Marktfrau bringen würde. Auch der Großvater nahm sie nicht mit zu einer Autofahrt am Wochenende, obwohl sie lesen konnte. Er sagte, sie sei zu häßlich und er müsse sich mit ihr schämen. Christine hatte Sommersprossen und ständig irgendwelche Verwundungen am Körper.

Abends im Bett bekam Christine Angstzustände. Sie sah aus allen Ritzen böse Geister hervorkommen. Es war eine so bodenlose Angst, gegen die sie sich nicht wehren konnte. Sprach sie davon, wurde sie ausgelacht. So etwas Dummes kann man doch nicht sehen und glauben. Später wußte sie, daß sie sehr wohl die bösen Geister der Erwachsenen gesehen hatte in ihrer hellen Sicht. Sie bewegten sich ständig düster und grauenvoll im ganzen Haus. Oft saß so ein Geist auf Christines Bett und würgte sie wach. Dann schrie sie voller Angst so laut nach ihrer Mutter, daß diese nebenan im Schlafzimmer wach wurde. Sie verbat sich das strengstens. Dann schrie sie nach ihrem Vater, der verbat es sich auch.

Christine konnte sich nicht mehr im Spiegel ansehen, ohne Fratzen zu schneiden. Ihren so häßlichen Anblick zu ertragen, war ihr eine entsetzliche Pein. Sie begann an den Innenhänden die Haut abzubeißen, auch an den Fingern entlang, so daß das rohe Fleisch sichtbar wurde. Das war für den Vater die Bestätigung, daß sie einen schlechten Charakter hatte. Denn nur solche Kinder fraßen sich selber auf.

Als sie wieder einmal geprügelt und auf den Speicher gesperrt wurde, dachte sie: „Ich gebe nicht nach, und wenn sie mich zu Tode prügeln, dann sehen sie vielleicht, daß nicht ich böse bin, sondern sie es sind." Nachgeben hieß, sich bei den Eltern zu entschuldigen für ihr böses Tun. Wobei die böse Tat immer darin bestand, zu widersprechen und das zu sagen, was sie sah.
Christine hatte auch große Angst vor dem Verbrennen und dachte oft vor dem Einschlafen: „Hoffentlich brennt heute nacht nicht das Haus." Vermutlich um zu wissen, wie weh das Verbrennen tut, nahm sie Streichhölzer, ging in den Hof, nahm eine Raupe vom Blatt der Trauerweide, steckte sie in die Schachtel und zündete sie an. Das hatte die Mutter wohl beobachtet, kam heraus und brach zum Entsetzen von Christine in Tränen aus. Sie schlug das Kind nicht, sondern sagte nur: „Warum hat mich der Himmel mit solch einem entsetzlichen Kind geschlagen." Das war weit schlimmer als Prügel. Christine sackte total in sich zusammen. Sie hatte etwas Furchtbares getan, das wurde ihr heiß bewußt. Sie hatte ein hilfloses Tier verbrannt. Nur weil sie selbst vor dem Verbrennen Angst hatte, quälte sie ein Tier zu Tode. Grauen packte sie; das Böse war auch in ihr. Es gibt eine Form erschlagen zu sein, die weit schlimmer ist, als körperlich verwundet zu werden. Es gräbt sich zutiefst in die Seele ein.
Einige Tage später hörte sie Frauen auf der Straße aufgeregt rufen: „Drüben vor der Schule ist ein kleines Kind unter die Straßenwalze gekommen!" Die Straße wurde asphaltiert. Das Kind war offensichtlich vom Haus vor die Walze gelaufen. Der Fahrer hatte es nicht sehen können, weil es zu klein war. Es war sofort tot. Grauen überfiel Christine, sie empfand, was das Kind gelitten hatte. Am Spätnachmittag ging sie dorthin. Die Walze stand da, die Straße war noch naß, sie war wohl abgespritzt worden. Niemand war zu sehen. Es war furchtbar bedrückend. In Christine war es stumm geworden. Sie saß am Tisch und schaute auf den Fliegenfänger, der an der Lampe spiralförmig hing. An dem dick mit Leim beschmierten Band klebten die

Fliegen mit Füßchen, Flügeln oder Köpfchen fest und versuchten verzweifelt, das Band zu verlassen. Doch mit jeder Bewegung verfingen sie sich noch mehr. Sie hatten einen langsamen, quälenden Tod. Solche Todesfallen hingen in fast jedem Zimmer. Christine sah, daß der Vater sehr schwach war und innerlich litt; sie empfand Mitleid mit ihm. Sie sah aber auch, daß beide Eltern, das, was ihnen nicht paßte und was sie nicht sehen wollten, beiseite ließen, als wäre es nicht vorhanden. Christine bezeichnete das als Sich-selbst-belügen. Und sie achtete sehr darauf, daß sie selber es nicht auch so machte. Die Mutter war nicht schwach. Sie hatte, wie man so sagt, die Hosen an; sie bestimmte was getan wurde. In der Art sich zu geben, hatte sie etwas sehr Widersprüchliches. Auf der einen Seite war sie herrschsüchtig, und man mußte sofort tun, was sie verlangte, sonst klatschte es ins Gesicht. Das Wort „sofort" hatte etwas unerbittlich Beißendes. Das Schlagen ins Gesicht empfand Christine als etwas wirklich Entwürdigendes, und sie dachte oft, wie Mutter ihrerseits wohl reagieren würde, wenn jemand sie ins Gesicht schlagen würde. Gertrude empfand ihren Mann als Schwächling und machte ihrem Ärger darüber Luft, daß sie immer alles tun und organisieren mußte. Auf der anderen Seite fand sie es schlimm, daß ihr Vater sich nicht genügend um sie kümmerte und ihr nicht alles gab, was sie haben wollte. Ihre Wünsche hatten etwas Bodenloses, Unrealistisches. Sie hatte Erwartungen wie ein kleines Kind. Ganz sicher war in ihrem Elternhaus liebevolle Zuwendung zu den Kindern knapp bemessen. Ihre Mutter bekam alle zwei Jahre ein Kind. Sie stillte jedes Kind über ein Jahr lang, um nicht zu schnell wieder schwanger zu werden. Das war damals ein Verhütungsrezept. Gertrude erzählte einmal, daß die Brust ihrer Mutter bis über den Bauchnabel hing. Ihre Mutter hatte sich zwar schließlich zur Ehe überreden lassen, hielt aber von der körperlichen Liebe nichts. Sie litt darunter, was sie später, als sie wahnsinnig geworden war, offen herausschrie. Sie hatte ein starkes Verantwortungsgefühl gegenüber ihren Kindern, und das drückte sich in unerbittlicher Strenge aus. Der Vater hätte eher eine Begabung zur Zärtlichkeit gehabt, wäre er nicht so besessen von Lebensangst gewesen.

Gertrude und ihre Geschwister wuchsen in einer Atmosphäre von Unsicherheit auf, unter dem Zwang, auf jeden Fall nach außen hin Eindruck machen zu müssen, um gesellschaftsfähig zu sein. Diese Stimmung hatte auch etwas Verlogenes. Man täuschte ein frommes, moralisch hochstehendes, gebildetes Niveau vor. Gertrude spürte das sehr wohl, darum pfiff sie später auf diese Form der Moral. Doch war sie stark geprägt von dem Stolz, in einem äußerlich großzügigen Rahmen aufgewachsen zu sein. Das gab ihr eine gewisse Stärke und auch Selbstbewußtsein. Dieser Rahmen fehlte nun; sie lebte zwar im Haus ihres Vaters, war aber doch mit ihrem Mann und den Kindern abhängig. Sie träumte davon, selber ein Haus und einen großzügigen finanziellen Freiraum zu haben. So machte sie ihren Mann und ihren Vater verantwortlich dafür, daß es nicht so sein konnte. Auf den Gedanken, selber tatkräftig dazu beizutragen, kam sie nicht. Sie befand, daß es für Frauen aus ihrem Stand eine Schande sei zu arbeiten. Gertrude hatte einen Abschluß als Hauswirtschafterin gemacht. Es war in ihrer Jugendzeit üblich, daß höhere Töchter eine solche Schule besuchten. Natürlich nur deshalb, damit sie später das Personal richtig einweisen konnten. Dann hatte sie Musik studiert; sie war eine nicht gerade schlechte Pianistin. Mit diesen beiden Fächern hätte sie Lehrerin an einem Mädchengymnasium werden können. Oder sie hätte auch ganz einfach nur Klavierunterricht geben können. Das wäre für sie ganz leicht gewesen. Doch all das verbot ihr der Stolz. So entfaltete sie ihre kämpferischen männlichen Fähigkeiten nicht. Statt dessen begnügte sie sich mit der Herrschsucht.

Auf der anderen Seite hatte Gertrude etwas sehr Großzügiges. Sie war nicht vom Geiz geplagt wie ihr Vater, dessen Angst vor dem eventuellen Ruin ihn dazu zwang. Sie gab gerne her und empfand damit auch eine gewisse Genugtuung nach außen hin.

Doch machte es ihr auch ehrliche Freude, ärmeren Menschen helfen zu können, denn mit den Armen hatte sie auch Mitleid. So sagte sie einmal: „Es ist einfach zu sagen, die Armen könnten wenigstens sauber sein, wenn sie nicht einmal die Mittel besitzen, die Kleider stopfen und waschen zu können, geschweige denn, sich ordentliche Kleider zu kaufen." Im Materiellen war sie auch bei ihren Kindern großzügig. So konnten sie sich das Geld selber nehmen, um Schulbedarf, Fahrgeld oder Eintrittskarten zu kaufen. Auch war sie großzügig gegenüber den Freunden ihrer Kinder. Sie konnten jederzeit kommen und wurden auch beköstigt. Christines Freundin Lise wurde, wenn sie kam, in alte Kleider von Christine gesteckt, weil Lises Mutter das Kind für jeden Flecken in der Kleidung bestrafte. Abends nach dem Spielen wurde sie mit Christine und Bastian gewaschen oder geduscht, je nach Bedarf, und säuberlichst wieder nach Hause entlassen. Gertrude konnte zuweilen von kumpelhafter Kameradschaftlichkeit sein. Das wechselte aber alles sehr schnell und heftig, so daß man nie sicher war, wie im nächsten Augenblick die Reaktion sein wird. Nach außen verteidigte sie ihre Kinder immer, auch Christine. Es war für sie eine Beleidigung, ihre Kinder von anderen tadeln zu lassen. Christine fand das ganz außerordentlich wohltuend. Darin spürte sie ein wenig Geborgenheit.

Etwas sehr Freudevolles, voller Geborgenheit und Schönheit, waren die Aufenthalte bei den Großeltern in Süddeutschland. Fast jedes Jahr fuhren die Eltern, Bastian und Christine in den Sommerferien dorthin. Lea fuhr gewöhnlich mit dem Großvater und einer Cousine ans Meer oder ins Gebirge. Die Großeltern besaßen ein kleines Haus in einem verwunschenen Garten. Überall, wo der Großvater einen Baum fällte, setzte er auf den Baumstumpf eine Platte, und um den so entstandenen Tisch herum kamen kleine Bänke. Es gab auch drei Lauben. In einer wurde die Wäsche aufgehängt, und der Boden war ein Sandkasten für all die vielen Enkelkinder. Dann gab es eine Rosenlaube, sie war offen und sehr sonnig. Am Eingang zum Vorgarten stand eine längliche Laube mit Dach. In der Mitte befand sich ein langer, alter Ladentisch, der hatte eine Schublade, die laut klingelte, wenn man sie herauszog. In dieser Laube saßen die Großeltern sehr gerne abends, um mit den Vorbeigehenden einen Plausch zu halten. Die Küche war der größte Raum im Haus und der Sammelplatz für alle Gäste. Da stand ein langer Tisch mit Eckbank, so daß jeder Platz fand. Außer Sohn Georg wohnten ihre anderen Kinder alle in der Nähe oder hatten Verwandte im gleichen Ort. So kamen bei den Großeltern viele Enkel zusammen, was für die Kinder ein großes Vergnügen war. Das größte Vergnügen war die Großmutter selber. Voller Fröhlichkeit und Humor freute sie sich über ihren zahlreichen kleinen Nachwuchs. Sie war ein ausgesprochen sinnenfroher Mensch, was sich an der Lust, gut zu essen, zu trinken und lekker zu kochen, zeigte, aber auch in der Freude an allem Tun der Kinder. Das galt besonders, wenn es sich in einer künstlerischen Form zeigte, wie im Theaterspiel, im Musikalischen, Bildnerischen oder beim Basteln; sie erlebte alles sehr bewegt mit. Auch hatte sie Mitgefühl und duldete es nicht, wenn andere Erwachsene etwas Böses über einen Abwesenden sagten. Das beeindruckte Christine sehr. Sie empfand ihre Großmutter von innen und von außen als wunderschön. Sie wurde auch von allen gemocht.

Dort unternahmen auch die Eltern mit den Kindern oft Ausflüge. Etwas, das es zu Hause gar nicht gab. Georg und Gertrude entspannten sich in dieser Atmosphäre und wurden ganz mild. Fast jeden Morgen kam Cousine Jose mit dem Bus. Ihre zweiten Großeltern wohnten am anderen Ende des Ortes. Dort wurde sie in den Bus gesetzt und der hielt vor dem Haus der anderen Großeltern, um sie abzuliefern. Christine wartete voller Freude vor der Gartentür. Die Sonne fiel durch die hohen Kastanien, die dort in doppelter Reihe standen. Das Spiel von Licht und Schatten, die freudige Spannung: jeder Tag begann beglückend schön und endete auch so. Jose, Bastian und Christine spielten meist alle gemeinsam. Bastian war ein technischer Tüftler.

Schon als er ganz klein war, stellte er Maschinen her, die sich entweder mit Kerzenfeuer oder durch Wasserkraft bewegen ließen. So wurde auch gerne Opas Brunnen im Garten benutzt, um gebastelte Schiffe auf Reisen zu schicken. Es war eine Oase voller Schönheit und friedlichen Zusammenseins; dort fiel nie ein böses Wort. Christine fühlte sich wie in Samt und Seide gebettet. Regelmäßig im Zug kroch die Angst bis zum Hals in ihr hoch. Ihr wurde übel bis zum Erbrechen. Die Eltern forderten sie auch auf, sich hinzulegen und zu schlafen, wenn der Platz im Abteil ausreichend war. Christine schloß dann wohl die Augen und tat so, als ob sie schliefe. Sie achtete auf jedes Wort jede körperliche Bewegung, weil sie dachte, die Eltern würden leise verschwinden und sie im Abteil liegen lassen. Bei jeder Fahrt glaubte sie, die Eltern möchten sie auf raffinierte Weise los werden. Besonders hart wurde die Angst nach den Ferien, wenn es nach Hause ging. Später, als sie und Bastian größer waren, gab der Bruder ihr eine Art Schutzgarantie, aber übel wurde es ihr trotzdem.

Es kam ein Sommer, da wurden Bastian und Christine ans Meer geschickt, in ein Kinderheim. Ganz früh morgens, es war noch fast Nacht, fuhr die Mutter sie zum Bahnhof. Dort standen schon viele Eltern mit ihren Kindern. Ein Sonderwagen war an einen Zug gekoppelt. Dieser Wagen war offen, ohne Abteile, so ähnlich wie eine Straßenbahn, nur breiter. So konnten die Erzieherinnen alle Kinder im Auge behalten. Proviant hatten alle dabei. Die Fahrt war lang, und für Christine sehr aufregend, ging es doch in die umgekehrte Richtung, und da war alles neu. Nachmittags waren sie in Hamburg, dort mußten sie umsteigen, hatten aber einen längeren Aufenthalt, weil der „Kinderwagen" samt Gepäck an einen anderen Zug gekoppelt wurde. Zuerst gingen sie in den Wartesaal und bekamen Getränke. Dann machten sie einen Rundgang im näheren Bereich des Bahnhofes. Sie gingen zu einem Segelboothafen. Das war ein toller Anblick! Es gab viele Boote nebeneinander, kleine und große; sie waren bunt und schön. So etwas hatte sie noch nie gesehen; das Staunen war groß. Christine staunte aber auch darüber, daß die beiden Frauen sich die Mühe machten, mit ihnen auf so einen Rundgang zu gehen. Es schien ihnen selber Freude zu bereiten. Sie besahen sich noch einen Stadtkanal, den Fleet, und dann ging die Reise weiter. Die kleine Inselbahn hielt direkt hinter dem Kinderheim. Das war recht lustig, denn die Bahn fuhr auch mitten durch die Wiesen. Zum Empfang gab es rote Grütze mit Vanillesoße. Bevor die Kinder in ihre Zimmer verteilt wurden, holte eine der Erzieherinnen sie auf eine Dachterrasse und sagte: „Jetzt zeige ich euch, wo die Sonne abends schlafen geht." Ja, und da war der große Sonnenball am Horizont! Langsam versank er inmitten einer sprühenden Feuerglut im Meer. Für Christine war das ein unbeschreiblich überwältigender Anblick. Er senkte sich ihr so tief ins Herz und in die Seele, daß es war, als würde sie in eine andere Welt hineingeboren, die von ungeheurer Schönheit war. Noch nie hatte sie die Sonne unter- oder aufgehen sehen. Zu Hause war die Westseite mit Häusern zugebaut. Wohl sah sie abends in ihrem Bett den Widerschein auf dem weißen Kleiderschrank, und das war schon aufregend. Das Meer – sie kannte es wohl von Bildern, aber was war das gegen diese Realität! Das Wasser bewegte sich in immer neu ankommenden Wellen, und es roch so stark und so gut. Wieder war Christine davon berührt, daß die Erzieherin sie zu diesem Ereignis geführt hatte. Und darüber wunderte sie sich während des ganzen Aufenthaltes. Es wurde viel mit den Kindern unternommen und ihnen gezeigt. Das Kinder es wert waren, so etwas zu tun, war eine ganz neue Erfahrung. Bastian war zehn Jahre alt und in der mittleren Gruppe. Christine war in der Kleinkindergruppe, sie war acht Jahre alt. Jede Gruppe hatte eine eigene Erzieherin und auch eigene Spiele und Unternehmungen. Auch aßen sie in getrennten Räumen. Alles war schön, die ungeheuer weite Sicht, das Meer, der Himmel, die Wiesen, auf denen Schafe grasten, die violett blühende Heide und die hohen, starken Bäume, die dem ständigen Wind trotzten. Die wunderschö-

nen alten, reetgedeckten Häuser, die Kirche, die außerhalb des Ortes stand, der Strand mit den vielen Muscheln, Krebsen und Quallen – es gab so viel Neues, ganz anderes zu sehen als zu Hause in der Stadt. Und das Licht, die würzige Luft! Auch der Himmel war ein anderer, er war von großer Weite, und die Wolken, mit ihren immer neuen Formationen, konnten so weithin verfolgt werden. Christine saugte all diese Schönheit in sich hinein und fühlte sich hier wirklich zu Hause. Schönheit empfand sie zum ersten Mal ganz bewußt. Es war Schönheit so klar, so echt und von tiefster Ursprünglichkeit. So wohl, so ganz anders hatte sie sich nie vorher gefühlt. Es war wirklich eine ganz andere Welt, in der sie plötzlich stand. Eine Ahnung stieg in ihr hoch, daß Welten sich von Welten unterscheiden können. Auch die menschliche Zuwendung gehörte dazu. Als die Erzieherin mit ihr zusammen den Koffer auspackte, war sie entzückt über die hübschen Kleider. Die Mutter hatte ihr vorher zwei ganz reizende Sommerkleider genäht. Sie waren am Hals und an den Trägern mit buntem Garn eingefaßt und hatten auf der Passe in Lochstickerei Pflaumen im blauen und Erdbeeren im rosa Kleid. Außerdem hatte die Patentante, bevor sie fuhr, von ihrem älteren Kind gebrauchte Sachen geschickt, die auch sehr hübsch und noch gut in Ordnung waren.
Christine liebte schöne Kleider und freute sich über die Äußerung dieser Frau. Diese fand sie auch keineswegs häßlich, sie befand, daß sie ein niedliches Kind ist. Auch das tat Christine unendlich gut; sie lebte auf. Sie fühlte in jeder Pore Glück. Es war so köstlich, wenn der Wind über die nackte Haut strich, wenn die Wellen an die Beine schlugen, die Wolken so weit über den Himmel zogen und die Strandvögel schrien. Sie verliebte sich zum ersten Mal. Es war ein Junge aus der Gruppe von Bastian. Er hatte ein rundes Gesicht mit roten Backen, lustige, etwas schrägstehende Augen und ganz kurze blonde Stoppelhaare. Seine Mutter hatte sie wohl so kurz schneiden lassen, damit er nicht zum Friseur mußte. Er war immer fröhlich und machte Späße. Christine beobachtete ihn mit Vergnügen, und

das schien ihm sehr zu gefallen. Auf jeden Fall tat er alles, um Christines Aufmerksamkeit auf sich zu ziehen, was wiederum ihr gefiel. Meistens bestand die Gelegenheit hierzu abends, vor und nach dem Essen, wenn die Kinder alle gemeinsam im Garten spielen konnten. Es gab noch einen Jungen, der stetig um Christine bemüht war. Der war in ihrer Gruppe, und sie schliefen mit zwei anderen Kindern in einem Zimmer. Er hatte große braune Augen, die etwas traurig guckten, und braunes Haar; er war dünn und blaß. Mittags mußten die Kinder ruhen. Es war verboten, während der Ruhezeit auf die Toilette zu gehen. Vermutlich aus der Erfahrung, daß da gerne große Wanderungen stattfanden. Wurde das Verbot übertreten, mußte man sich eine Viertelstunde lang in eine Decke gehüllt auf den Flur stellen. Das passierte Christine auch einmal, aber sie mußte wirklich. Nun, das hat sie überstanden. Doch an einem Mittag – sie schlief nie – stand ihr kleiner Verehrer auf und stieg auf die Kommode neben seinem Bett. Eine Seite der Kommode endete unter einem offenstehenden Fenster. Christine blinzelte vorsichtig, er sollte nicht merken, daß sie zusah was er tat. Der Junge schaute sich ängstlich um, ob auch alle schliefen, stellte sich ans Fenster und pinkelte raus. Christine hatte größte Mühe, sich lautes Lachen zu verkneifen. Sie wollte ihm die Scham nicht antun. Sie stellte sich vor, daß da unten vielleicht gerade jemand vorbeiging, und fand das wahnsinnig komisch. Etwas Neid war auch dabei, einfach so rauspinkeln zu können. Mädchen können das ja nicht. Doch sie fand es auch feige, nicht den Mut zu haben, sich der unangenehmen Situation zu stellen. Sie war sich auch nicht ganz sicher, ob seine Sympathie den Hauptgrund hatte, daß sie ihre Fleischportion an Fleischesser verteilte. Ganz war es wohl nicht so, aber Christine mochte diesen Jungen nicht besonders. Die wunderschöne Ferienzeit ging vorüber. Die Erzieherinnen hatten ein Abschiedsfest vorbereitet. Die Kinder lernten Tanzschritte, weil auch miteinander tanzen auf dem Programm stand. Und da passierte etwas, was Christine überhaupt nicht begreifen konnte. Erst als sie schon Erwachsen

war, wurden ihr die Zusammenhänge klar. Die Musik zum Tanz spielte, und die Jungen waren aufgefordert, sich eine Tanzpartnerin auszusuchen. Christine zitterte vom Wunsch beseelt, daß ihr Schwarm zu ihr kommen würde. Er kam auch sofort strahlend auf sie zu. Christine erstarrte und sagte: „Mit dir tanze ich nicht." Es war so entsetzlich. Sie hatte das nicht wirklich gesagt, sie wollte es doch so gerne. Es sprach eine Stimme aus ihr heraus, über die sie keine Gewalt hatte. Es war eine Stimme, die sich verselbständigt hatte, ohne Christines Gefühle zu beachten. Die Erzieherin war mit Recht entsetzt, als sie das hörte, und sagte: „Das ist mir noch nie vorgekommen. Und den nächsten der dich auffordert, den nimmst du!" Der nächste war der Junge, den sie nicht mochte. Christine war erschlagen. Diese so wunderschöne Zeit mußte so enden. Es brach wieder einmal alles in ihr zusammen.
Christine dachte: „So etwas Schreckliches tue ich nie mehr im Leben." Aber das kam anders. Als sie eine junge Frau war, wiederholte sich diese seltsame Spaltung dann, wenn sie sich ernsthaft verliebte. Oder sie hielt sich dann von vornherein bedeckt. Nur wenn es Flirts waren, konnte sie darauf eingehen. Doch sobald das Wort Heirat, wenn auch nur im entferntesten, auftauchte, löste sie die Verbindung sofort. Es dauerte eine Weile, bis sie zu der Erkenntnis kam, daß dieses Verhalten sehr egozentrisch war und mit wirklicher Partnerschaftlichkeit nichts zu tun hatte. Sie begann darüber nachzudenken und fand heraus, daß eine große Bindungsangst in ihr war und sie kein wirkliches Vertrauen zu Menschen hatte aufbauen können.
Christine hoffte, all diese Schönheit, die sie am Meer erlebt hatte, mit hinüber in den Alltag nach Hause tragen zu können. Ihre Enttäuschung war groß, als sie schon nach Tagen bemerkte, daß die Faszination verwehte. Es gab keine Sonne, die zum Schlafen im Meer versank, kein Meeresrauschen und keine Wattvögel mehr. Der Himmel wurde wieder eng und die Luft hatte keine Würze mehr.

Jugendjahre

Die wahnsinnige Großmutter starb, und Großvater wollte wieder heiraten. Für Georg und Gertrude war das ein Grund auszuziehen. Sie hatten inzwischen mehr Geld, und der Großvater wollte auch gerne das Haus alleine mit der neuen Frau teilen. So wurde eine Etagenwohnung in der Nähe bezogen. Martha hatte schon ein Jahr zuvor gekündigt, zu Christines großem Kummer. Mit dem Umzug gab es auch keinen Garten mehr. Elf Jahre alt war Christine, als sie auszogen. Die Eltern fühlten sich freier. Sie wurden nicht mehr von Gertrudes Vater kritisch beobachtet. So begannen sie, mehr und mehr ihre Genußsucht auszuleben. Diese bestand in den üblichen Rauschgiften wie Nikotin und Alkohol, im Ausleben von Sex mit anderen Partnern und in gesellschaftlichen Kontakten mit Feiern von Festen und gemeinsamen Unternehmungen.

Kurz nach dem Umzug hatte Christine eine Erkenntnis. Sie wußte plötzlich, daß in ihr die Möglichkeit bestand, ein sehr böser Mensch zu werden. Sie sah die Möglichkeit in sich wie ein Bild mit allen Einzelheiten. Das erschreckte sie heftig. Sie wußte, jetzt muß sie selber die Weichen stellen. Sie selber mußte bestimmen, welchen Weg sie weiterging. Ihr wurde klar, daß ihr Bruder ihr Vorbild war, etwas auch die Martha. Sie spürte genau, daß sie ohne diese Menschen nicht hätte lange leben können. Aber auch nicht ohne den Garten, der sie in so geheimnisvoller Weise genährt hatte. Also war die Entscheidung, das Positive zu leben, nicht schwierig. In ihr war eine starke Sehnsucht nach allem Schönen, nach einer Urkraft des Schönen. So beschloß sie, bewußt die Liebe zu wollen. Sie dachte: „Wenn ich zu den Eltern ganz liebevoll bin, werden sie es mit den Jahren sicherlich auch werden, denn Liebe kann man doch nur mit Liebe vergelten." In der Folge erlitt Christine einen Schiffbruch nach dem anderen. Die Eltern bemerkten ihr Bemühen überhaupt nicht, sie waren nur noch mit sich selbst beschäftigt, stritten viel miteinander und schoben sich gegenseitig die

Schuld am Scheitern der Ehe zu. Christine war so überfordert, daß es auch in der Schule nicht mehr klappte. In der Klasse geschah ihr dazu noch eine böse Geschichte. Da gab es ein Mädchen aus reichen Verhältnissen. Ihre Familie besaß ein riesiges Grundstück mit Haus im Wald, mit eigenem Badesee, einem Tennisplatz und einem Kinderspielplatz mit den üblichen Geräten. Die drei Mädchen, sie hatte noch zwei jüngere Schwestern, hatten trotz alledem Langeweile, denn es gab in der näheren Umgebung keine Spielgefährten. So beschlossen ihre Eltern, Spielgefährten heranzuholen. Die Wahl fiel auf Christine. Sie nahm insgeheim an, daß diese Leute sich nach der Herkunft der Klassenkameradinnen erkundigt hatten. Christine fuhr einige Male nach den Hausaufgaben dorthin. Es war ein Weg von etwa einer dreiviertel Stunde Straßenbahnfahrt und zwanzig Minuten Fußweg durch den Wald. Es war viel zu strapaziös, zumal sie auch pünktlich wieder zu Hause sein mußte. Zudem hatte Christine seit ihrem ersten Schuljahr auch ihre Freundin Lise. Die beiden verstanden sich nach wie vor gut, und diese Freundschaft sollte auch nicht auseinander gehen, obwohl Lise ein Arbeiterkind war und „nur" zur Realschule ging. Christine sagte diese beiden Gründe und bat damit um Entschuldigung dafür, daß sie nicht mehr kommen wollte. Daraufhin wurde von dieser auch immerhin einflußreichen Klassenkameradin eine Haßkampagne gegen Christine gestartet, die die Stirn gehabt hatte, ihr ein Arbeiterkind vorzuziehen. Mit dem Erfolg, daß alle – aber auch alle – Kinder in der Klasse sie schnitten und nicht mehr mit ihr sprachen. Christine hatte keinem Mädchen aus der Klasse je etwas Böses angetan. Zweien hatte sie aus Mitleid Nachhilfeunterricht in Mathematik gegeben. Und nun stand sie ganz alleine da. Nur weil sie einer Freundin treu blieb, die ein Arbeiterkind war.

Sie brach in der Klasse zusammen und schluchzte so heftig, daß die aneinandergekoppelten Bänke zu zittern anfingen. Darüber lachte die Klasse, das fanden sie komisch. Die Lehrerin holte sie nach der Stunde zu sich und fragte nach dem Grund. Bevor

Christine etwas sagen konnte, fragte sie in neugieriger Weise nach dem Verhältnis der Eltern zueinander. Das war für Christine das Letzte, sie spürte ihre teilnahmslose Neugier. Aber in ihrer großen Not erzählte sie den Grund. Darauf zuckte diese Frau nur mit den Schultern, meinte das sei doch nicht wichtig, stand auf und ging.

Gertrude wurde krank. Sie bekam Ischias und lag damit etwa ein Jahr im Bett. Die Schmerzen waren zu stark, um aufstehen zu können. Die ärztlichen Mittel waren damals zu beschränkt, Abhilfe zu schaffen. Lea studierte Tanz, und das gute schöne Kind konnte nicht zurückgerufen werden, um den Haushalt zu führen. Womöglich hätte sie es auch nicht getan. Bastian war ein Junge, ihm war Hausarbeit nicht zuzumuten. Christine war 13 Jahre alt und ein zartes Kind. Sie führte den Haushalt, lernte das Kochen; die Mutter gab vom Bett aus die Anweisungen. Sie kaufte alles ein und putzte die Wohnung. Die Mutter versprach ihr ein Geschenk dafür, das sie sich wünschen dürfe, wenn sie wieder auf den Beinen sei. Christine schaffte unentwegt vom Morgen bis zum Abend. Sie wurde immer zarter und schwächer. Sie begann davon zu träumen, in einem weichen großen Sessel zu sitzen und sich nicht mehr bewegen zu können. Sie sah sich dort wie eine Geistererscheinung sitzen. Nach etwa einem dreiviertel Jahr bekam sie Scharlach und mußte acht Wochen auf eine Isolierstation ins Krankenhaus. Die Wohnung wurde vom Gesundheitsamt desinfiziert. Scharlach war zu dieser Zeit noch eine gefährliche Krankheit, und nicht alle Kinder waren dagegen geimpft. Penicillin gab es auch noch nicht. Vorübergehend kam eine Haushaltshilfe, bis Christine entlassen wurde. Bastian war so froh, als sie wieder kam. Doch es ging nicht lange gut, da brach das Kind zusammen, konnte keine Nahrung mehr zu sich nehmen. Die Großeltern, die in der Nähe wohnten, holten sie zu sich und versuchten sie hochzupäppeln. Das gelang nur mäßig. Sie wurde für drei Monate zu den süddeutschen Großeltern geschickt, und da konnte sie wieder Kräfte aufbauen.

Inzwischen war die Mutter auch wieder gesund. Von der Erfüllung eines Wunsches wurde nie mehr gesprochen; Christine hörte auch niemals ein Wort des Dankes oder auch nur der Anerkennung. Es war so, als hätte sie die schwere Arbeit nie getan.

Bastian verunglückte, er starb. Damit zerbrach für Christine alles. Sie spürte, wie sie mitten durchgerissen wurde. Die Eltern verloren den letzten Halt. Sie hatten Bastian sehr verehrt. Er war ein hervorragender Schüler und technisch hoch begabt gewesen, das machte sie stolz und gab ihnen in gewisser Weise auch Selbstbewußtsein.

Ab nun begann eine Hölle. Die Eltern verloren sich ganz. Lea hatte sich total dem Sex verschrieben und suchte ihn überall, egal wo. Andere Interessen hatte sie nicht. Die Eltern begannen sie zu verachten, obwohl sie selber Genußsucht vorlebten. Zwar nicht gerade in einer solchen Weise, aber doch hatten sie die Gleise gelegt. Darüber nachzudenken und zu sehen, wie sie selber waren, das konnten sie einfach nicht. Es fehlte jede innere Kraft, jeder bewußte Wille dazu. Sie hielten fest an einem Bild, das sie von sich hatten, und alles, was dazu nicht paßte, wurde verdrängt und anderen Menschen angelastet.

Georg hatte das Bild vom genialen Künstler, der verkannt ist und darum leiden muß. Er hätte eine solche Möglichkeit gehabt, wenn er seinen eigenen weiblichen Seelenanteil sensibilisiert, entwickelt und geschult hätte. Statt dessen kroch er unter jeden Weiberrock. Das konnte ihn nur weiter schwächen. Sich auch nur im geringsten in einen anderen Menschen und seine Situation einzufühlen, war ihm unmöglich. Aber gerade damit hätte er aus dem ständigen Wirbel um sich selbst ausbrechen können. Doch das eigene Gewordensein im Leiden zu ertragen und durch das Leiden zu überwinden, dazu hätte es der Askese bedurft, seine äußere Genußsucht aufzugeben. Sicher hätte er so eigene originäre Ideen im Künstlerischen erarbeiten können, so

ahmte er nur nach. Im tiefsten Innern wußte er schon, daß er sich niemals selber begegnet war.
Ein ganz anderes Bild von sich hatte Gertrude. Sie war eine schöne begehrenswerte Frau, die verwöhnt werden wollte und der ihr Mann jeden Wunsch von den Augen ablesen und erfüllen sollte. Hätte sie diese alberne „Filmstarvorstellung" aufgegeben, sie hätte in selbständiger Tatkraft das Leben erobern und ein glücklicher Mensch werden können.
Später, im tödlichen Leiden (sie bekam Lungenkrebs), wurde das auf ganz eigenwillige Weise sichtbar. Kurz bevor die Krankheit voll ausbrach, hatte sie einen Traum. Ein Schmied stand vor einem hell lodernden Feuer und formte auf dem Amboß eine menschliche Gestalt. Gertrude war außerordentlich bewegt von diesem Traum. Er ging in Erfüllung. Sie selber wurde im Feuer der Krankheit zu ihrer eigenen Gestalt geformt. Das war sehr sichtbar. Das Leiden war schon fortgeschritten, als sich große Ängste vor ihrem Vater zeigten. Sie brachen ganz urtümlich aus ihr heraus. Christine versuchte zu helfen, gab ihr den Rat, wenn der Vater böse auf sie zukomme, solle sie ihn wegschlagen. Das tat sie auch. Immer wieder schlug sie in eine bestimmte Richtung und Christine wußte, nun wehrt sie sich. Danach begann eine Zeitspanne, in der sie immer glücklicher wurde. Das Gesicht änderte sich total. Es wurde immer jünger und schöner. Ein Strahlen begann, das jede Pore durchdrang. Gertrudes Schwester sagte, so glücklich habe sie niemals als Kind oder als junges Mädchen ausgesehen. Christine war dankbar, daß ihre Mutter einen so gnädigen eigenen Tod sterben durfte.
Für Christine wurde das Dasein unerträglich. Wohl versuchte sie dem zu entkommen in künstlerischer Tätigkeit. Sie konzentrierte sich auf Malen und Zeichnen. Doch damit konnte sie nur bedingt aus der alltäglichen Qual ausbrechen. Ein an sich gut überlegter Selbstmordversuch mißlang, sie wurde gerettet.
Sie fühlte, wie es langsam dunkel in ihr wurde. Es wuchsen Mauern eng um sie herum hoch. Lähmend legte sich Stille über sie, so schwer, daß sie sich gar nicht mehr bewegen konnte. Als

die Mauer schon bis zum Kopf gewachsen war, brach wie ein Blitz das Wissen auf: „Ist die Mauer über den Kopf, bin ich wahnsinnig für immer." Sie begann zu beten, schrie Tag und Nacht zu Gott. Sie nahm die Bibel und las im neuen Testament. Darin fand sie Trost. Allmählich gewann sie Boden unter den Füßen. Doch gelang es nur mit starkem Einsatz von Willenskraft. Die zerstörenden Kräfte, die sich Jahr für Jahr in ihr wie ein Drachen aufgebaut hatten, begannen sich gegen Christine zu richten und sie zu zerstören. Sie sah ihre Seele wie auf einer Bühne im Theater, in hellen Flammen brennen. Es schmerzte so unbeschreiblich, daß nur körperlicher Schmerz, wenn auch in geringstem Maße momentane Linderung verschaffte. Christine bat Gott unentwegt um ihren Tod. Der Tod wurde ihr zum Freund. Sie wollte Gott ein Opfer bringen und gab das Rauchen auf. Sie war dieser Sucht sehr verfallen und dachte: „Es ist das einzige, was ich zum hergeben noch habe." Ein Jahr lang dauerte das entsetzliche Brennen. Christine glaubte fest daran, daß Gott sie erhört. Es war im November, da begannen ganz ungeheure Träume in den Nächten über sie zu kommen. Im ersten Traum befand sich Christine in einer Kirche. Sie hatte sich in einer der letzten Bänke ganz an die Wand gedrückt, um nicht gesehen zu werden. Der Altar war wie eine große Bühne. Plötzlich hörte Christine laut ihren Namen rufen und wußte: Es ist Gott. Sie versuchte sich zu bücken vor Schreck. Da rief die Stimme: „Ich sehe dich, komm hierher zu mir, hier ist dein Platz." Christine ging hin. Neben Gott stand der Engel Michael. Alles war getaucht in überströmendes Licht. Eine nicht faßbare Freude durchflutete sie. Nach dieser Nacht erwachte Christine als ein neuer Mensch. Sie träumte auch, daß sie durch ein enges Loch kriechen mußte. Als sie durch war, stand sie in einem lichten Raum, und Feen beschenkten sie mit ganz wunderbarem Schmuck aus Edelsteinen. Von diesem Schmuck träumte sie noch oft. Es waren so schön und einfallsreich gestaltete Stücke, wie man sie in Juwelierläden kaum findet. Sie träumte, daß sie ein Kind geboren hatte. Wunderschön war es, kräftig und gesund. Dann ging sie durch eine Ausstellung ihrer Bilder. Sie sah, daß sie gut waren und das gab ihr Kraft. Die Menschenbilder hatten alle zwei Gesichter, die hintereinander gelagert waren. Auch die Landschaften, Pflanzen und Tiere waren angenehm anzusehen.

Sie träumte von einem Haus, dessen Etagen zusammenbrachen. Ein riesiger Ofen, der vom Keller bis zum Dach reichte, war voll glühender Kohle und wärmte und erhellte das Haus. Dann geriet sie auf dem Meer in einen heftigen Sturm. Ein Schiff zerbrach in viele Teile. Diese bestanden aus Menschen, die wie aneinandergereihte Masken auseinanderfielen. Sie selbst war das Schiff. Christine war voller Angst zu ertrinken. Da stand neben ihr eine Gestalt, die aus reinem Licht und von nicht beschreibbarer Güte war. Diese nahm sie bei der Hand und sagte: „Du brauchst keine Angst zu haben. Du kannst über das Wasser gehen. Ich führe dich. Siehst du in der Ferne die grüne Insel? Es ist die Insel der Seligen. Dort bringe ich dich hin."

In dieser Zeit der Träume überkam sie ein großes Glücksgefühl, das viele Monate intensiv anhielt. Im wachen Zustand wurden ihr Erkenntnisse zuteil, von denen sie nie etwas vorher gehört oder gelesen hatte. Sie wußte, daß sie an einer Quelle sitzt, wo Himmel und Erde Hochzeit halten. Die Quelle enthielt Wasser des Lebens, wovon sie von nun an gespeist wurde. Auch erkannte sie Gott als Kraft, als ein unendlich weites, nährendes Licht, das von einer uns Menschen kaum vorstellbaren Güte und Großzügigkeit war. Auch wußte sie, daß sie sich von ihren Eltern gelöst hatte. Nun konnte sie abgenabelt ein neues Leben führen. Sie spürte fortan, daß sie tatsächlich geführt wurde. Es wurde ihr vorübergehend eine neue Mutter an die Hand gegeben, die ihr das Gehen beibrachte. Das geschah in der Form einer Ballettmeisterin. Christine bemerkte, daß sie gar keine Gefühle zeigen konnte. Tanz beginnt jedoch erst über bewegende Gefühle wirklich zu leben und Inhalt zu bekommen. Wenn sie Gefühle in eine Form bringen sollte, erstarrte Christine wie zu einem Stein. Dann wurde das Entsetzen so groß, daß alles in ihr verkrampfte und sie sich gar nicht mehr bewegen konnte. Erst da bemerkte sie, wie weit es mit ihr gekommen war. Sie war doch ein durch und durch gefühlvoller Mensch. Alles bewegte sie bis ins Innerste. Aber das auch nur im geringsten nach außen zu zeigen, war ihr unmöglich geworden. Langsam und mit Geduld lernte sie, ganz winzige Schritte zu machen. Sie lernte, eine sich bewegende Welle zu sein, sich vom Rückenwind vorwärts treiben zu lassen, eine Schlange zu sein oder ein Feuer, das sich kriechend entflammt. Sie wußte, sie ist jetzt wie ein kleines Kind, das den Schritt ins Leben wagt. Das gelang auch. Christine fand zurück zu – oder auch zum Anfang – einer neuen Harmonie von Körper, Seele und Geist. Damit wuchsen auch neue Lebenskräfte und der Mut zum Leben überhaupt. Bisher verfolgten sie nur Ängste, die sie nicht leben lassen konnten. Darum mußte ihr Leben zerbrechen, wie es der Traum vom Schiffbruch zeigte. Durch dieses Zerbrechen konnte sie an ihre ursprüngliche Kraft neu anschließen und noch einmal ganz von vorne beginnen. Das zeigte auch der Traum vom Ofen, der alle Etagen zerbrechend, aus tiefster Seele mit Feuer durchwirkend, den gesamten Menschen bis ins Bewußtsein hinein erleuchtete.

Die ersten Schritte ins Leben waren getan und geglückt. Das Glück genoß Christine in vollen Zügen. Sie war hübsch geworden, sie hatte Selbstbewußtsein erlangt. Die Ängste wurden weniger. Das alles genoß sie. Sie spürte wohl, daß dieses Glück nicht ausreichend war. Sie mußte zu einer größeren Selbständigkeit gelangen. Etwas sprach in ihr: „Du mußt männliches Erobern der Welt entwickeln." Ein Vater und Kunstprofessor übernahm für einige Zeit die Führung. Er war ein leidenschaftlicher Liebhaber guter Kunst. Seine Liebe ging weit über das hinaus, was er selber schaffen konnte. Das ergibt eine großzügige Sicht. Die Gabe, ein Bild bis in alle Einzelheiten im guten Sinne zu analysieren, konnte er auf geschickte Weise vermitteln. Es war wohl die Freude, alles bis ins Detail liebevoll zu entdecken. Er machte Christine bewußt, was sie konnte, weil er sah, daß sie es mit dem Verstand gar nicht wahrnahm und somit auch nicht bewußt einsetzte. Das war etwas sehr Wichtiges, weil ihr damit eine viel größere Durchsicht der Möglichkeiten offenstand. Es war, als stünde sie in einem Werkzeugladen, wo sie sich alles, was sie an Werkzeugen brauchte, nehmen konnte. Damit besaß sie die Grundlage, unterrichten zu können. Sie hatte einen Beruf gefunden, mit dem sie selbständig ins Leben hineinwachsen konnte.

Drittes Kapitel

Gespräche

Christine suchte sich einen Gesprächspartner. Dies war Ganymed. Er stand immer zur Verfügung.

Die Walze

Christine besaß eine kleine Spieluhr, die aus einer gestanzten Walze bestand. Sie hatte kleine Erhebungen in unterschiedlichen Anordnungen und Höhen. Sie spielte immer die gleiche Melodie, was Christine, schon kurz nachdem sie das Spielzeug geschenkt bekommen hatte, sehr schnell langweilte. Sie unterhielt sich mit Ganymed.
„Menschen sind wie gestanzte Walzen. Sie werden geboren, und dann wird willkürlich hineingestanzt. Und wenn sie erwachsen sind, leben sie ihre gestanzte Lebensmelodie." –
„So platt sehe ich das nicht. Schließlich ist deine Walze ein lebendiger Mensch, der Gefühle hat und damit auf seine Weise reagiert." –
„Aber was heißt auf seine Weise? Ist der Gefühlsbereich ein allgemeiner, kollektiver Bereich, oder siehst du ihn bereits als etwas individuell Geformtes?" –
„Das ist schwierig. Ist es ein allgemeiner Bereich, mit dem wir auf den Lebensalltag reagieren, wäre vorstellbar, daß dieser Bereich zwar in sich eine bestimmte Zielrichtung hat, aber in persönlicher Auseinandersetzung auch eine persönliche Note erhält." –
„Du meinst also, beides verbindet sich in der Reaktion auf äußere Einwirkung. Aber vielleicht muß doch hinter dem Füh-

len eine Vorstellung stehen. Wie könnte ich sonst differenzieren, was zum Beispiel Schläge sind und was Streicheln ist. Darauf reagiert doch schon das kleinste Neugeborene ganz bewußt. Es wird wohl kaum schreien, wenn du es streichelst, aber bestimmt, wenn es geschlagen wird." –
„So gesehen, wäre Fühlen eine vorgegebene und bereits geformte Substanz, die von sich aus willentlich, auf eine ganz bestimmte Weise auf den Menschen einwirkt. Das würde ja wiederum Zielsetzung bedeuten, mit der Absicht, den Menschen einer individuellen Form oder auch einer kollektiven Form zuzuführen." –
„Das wäre ja ganz ungeheuerlich, es würde alles, was wir gelernt haben, auf den Kopf stellen. Bisher war doch unser Verstand Nummer eins und nicht unser Gefühl. Das unterliegt doch eher einer gewissen Verachtung. Früher durften nur Frauen Gefühle zeigen, da man sie ohnehin nicht für voll nahm und sie geistig als tief unter dem Mann stehend sah. Und Männer durften sich ja erst im auslaufenden zwanzigsten Jahrhundert zu Gefühlen bekennen. Vorher galten sie ja sonst als Memmen." –
„Also, ganz kann das auch nicht stimmen, denn Künstler mußten sehr wohl Gefühle einbringen, wenn sie Großes geschaffen haben. Sie hätten sonst niemals kreativ arbeiten können." –
„Ja, Ganymed, stimmt! Dann beinhaltet der Gefühlsbereich auch Kreativität?" –
„Ja, das könnte sein, jedoch in der individuellen und sichtbaren Weise, von außen durch die Reibung ausgelöst." –
„Und die Wunderkinder? Diejenigen, die schon alles mitbringen und gar nicht erst lernen beziehungsweise einüben müssen, das, was sie ohnehin haben, sichtbar werden zu lassen?" –
„Das stimmt wohl auch, aber ich denke die Geschichte wird immer komplizierter, je länger sie betrachtet wird. Was die Künstler beziehungsweise ihre Werke anbetrifft, sah man das wohl neutral, eben als Kunstwerk, und wohl weniger als ein Produkt von Gefühl und Geist." –
„Setzen wir noch einmal beim Gefühlsbereich an. Er beinhaltet also auch Kreativität. Das heißt, es weben formende Kräfte

darinnen. Oder ist ein Bereich vorhanden, der getrennt, und zwar tatsächlich durch Reibung äußerer Eindrücke, entsteht?" -
„Also Christine, jetzt unterscheidest du drei Räume: den Gefühlsbereich, den äußeren Bereich des Lebens und einen geformten Zwischenbereich. Aber das, was du den äußeren Bereich nennst, ist ja auch ein in starkem Maße geformter." -
„Ich fürchte, so verlaufen wir uns in einem Labyrinth. Versuchen wir es mal von einer anderen Warte. Bevor wir Menschen kamen, gab es die Pflanzen und die Tiere. Ganz sicher hatten sie die gleiche Triebfeder sich zu formen und zu entfalten, wie wir auch. Wir sind ja wohl alle aus dem gleichen Teig entstanden. Die Pflanzen sind ohne direkte äußere Reibung erwachsen. Wohl wuchsen sie, den verschiedenen klimatischen Zonen und Verhältnissen entsprechend, unterschiedlich auf. Sie wuchsen in vielfältigster Weise, genährt durch die Erde, aber ohne äußeren Widerstand. Das ist nur aus einer Kraft heraus vorstellbar, die - gefüllt mit Kreativität - in lustvoller Weise zu gestalten beginnt. Dies erfolgt vermutlich mit einem bestimmten Ziel. Denn wir wissen, daß Pflanzen vielfältigste Nahrung sind. Und als sie entstanden, war Nahrung von niemandem auf dieser Erde gefragt. Die Tiere brauchten Nahrung. Die Pflanzen reichten ihnen nicht aus. So fraßen sie sich gegenseitig. Das Drama begann, als Lebewesen keine Wurzeln mehr in der Erde hatten und dadurch eine gewisse Selbständigkeit erlernen mußten. So, wie ein Mensch auch abgenabelt wird. Daß die Tiere, so wie wir auch, Gefühle haben, ist klar. Sie haben Ängste und ziehen ihre Kinder liebevoll auf. Manche suchen die Nähe von Menschen und genießen deren Zärtlichkeit." -
„Es gibt auch Tiere, die alles das nicht tun. Allerdings haben sie alle Angst." -
„Ja. Und aus diesem Angstgefühl und sicher auch aus Hungergefühl haben sie alle möglichen Formen und auch die entsprechenden Organe dazu entwickelt. Was das anbetrifft, ist der Mensch doch sehr einfältig gebaut. Das muß doch Gründe haben." -

„Bleiben wir doch erst einmal bei der Triebfeder. Ich finde, daß sie bei den Pflanzen und den Tieren sehr deutlich als eine formende Kraft zu sehen ist, die sich mit den Verhältnissen auf der Erde auseinandersetzt. Und für mich ist es sichtbar, daß eine kollektive Gefühlskraft dahintersteht, die ganz individuelle Möglichkeiten in unserer Weltwirklichkeit hervorgebracht hat." –

„Es gibt Menschen, die behaupten, Lebewesen hätten nur aus sich selbst heraus, aus Hunger und Angst vor dem Feind, Gefühle entwickelt." –

„Möglicherweise sind es die Primitiv- oder Grundanfänge der Wahrnehmung. Aber was heißt schon – ganz aus sich heraus? Entstehen kann doch nur etwas aus Substanzen, und die müssen vorhanden sein. Selbst wenn Lebewesen sich individuell entwickeln, können sie das nur durch vorhandene Möglichkeiten. Keine Fliege kann sich Flügel wachsen lassen, ohne daß eine solche Möglichkeit im Universum vorhanden ist." –

„Ja, und das ist dieses ungeheure Geheimnis, was wir nicht entschlüsseln können. Wir können es aber nutzen. Ich denke, daß der Mensch da eine große Aufgabe hat. In der Form, wie die Tiere sich entfaltet haben, ist es ausgereizt. Der Mensch muß andere Zielvorstellungen verwirklichen." –

„Jetzt können wir wieder an den Anfang unseres Gespräches anknüpfen, der gestanzten Walze. Was der Mensch bisher entwickelt hat, sind alle handwerklichen Geschicklichkeiten, die zum Leben und zum Überleben nötig sind. Dies gilt auch für alle genußreichen Wünsche." –

„Bei allem, was der Mensch für die Befriedigung seiner Wünsche entfaltet hat, spielen die Gefühle mit, und zwar auch in einer gewissen primitiven Weise, denn es geht um die eigene körperliche Lust." –

„Das sehe ich anders. Es ist auf jeden Fall das Lernen von Empfindung. Und das geht über den Ursprung, und der beginnt doch in der Körperlichkeit." –

„Wo es bei allen Geschöpfen beginnt, möchte ich offenlassen. Daß es für uns erst einmal über körperliche Empfindung zum Bewußtsein gelangt, da sage ich ja. Aber machen wir da doch einen Sprung weiter. Der Mensch hat auch seinen Intellekt stark entwickelt. Eine Bewußtwerdung, mit der er Vieles entdecken konnte, vor allem Gesetzlichkeiten im weiten Raum der Funktionen. Da ist er sehr fündig geworden, hat eine Welt der Technik, der Information und ein Wirtschaftssystem geschaffen, das ganz raffiniert auf die bisher entwickelten Gefühlsweisen der Menschen abhebt." –
„Meinst du, daß die Masse an Gefühlen sich um die Lustbefriedigung im Körperbereich entwickelt hat und damit die äußere Weltwirklichkeit mitgeformt hat?" –
„Ja, Ganymed, denn der Mensch ist doch eine Einheit, auch wenn er sich spaltet, bleibt er es doch. Auf der einen Seite ist er wie eine ganz unglaublich gut funktionierende Maschine. Der Mensch hätte nie Maschinen entdecken und nachbauen können, wenn es sie nicht immer schon gegeben hätte. Nur als Maschine kann er gar nicht leben. Die Lebenskraft ist eine ganz andere, eine fließende, die nur durch das, was der Mensch daraus formt, sichtbar wird." –
„Versuchen wir doch einmal abzustimmen, wie das beim einzelnen Menschen aussieht und warum die Masse der Menschen eine Disposition schafft, die sich in der äußeren Entwicklung so unerträglich zeigt. Kommt ein Kind zur Welt, geht alles Fühlen über die Körperlichkeit. Es trinkt aus der Mutter. Sie wickelt und trocknet es. Sie berührt es ständig. Eine andere Dimension der Gefühlsempfindung geht über das Sprechen mit dem Kind." –
„Ich glaube, daß ein Kind viel tiefer wahrnimmt, als es aus der Sprache allein möglich ist. Ein Kind nimmt einmal die Haltung wahr, die die Eltern gegenüber dem Kind selber haben. Das heißt, ob sie es mögen oder ablehnen, ob es lästig ist oder ob sie voller Zärtlichkeit dem Kind begegnen. Auch glaube ich, daß ein Kind die gesamte Stimmung der Eltern wahrnimmt, das, was

sie an Gefühlen entwickelt haben und auch die Welt des Verstandes oder auch des Verstehens." –

„Wenn ein Kind das alles, wie du meinst, wahrnehmen könnte, müßte es ja eine ganz andere Qualität der Wahrnehmung besitzen, als es einige Zeit später möglich ist. Erwachsene haben sie doch nicht." –

„Vielleicht hätten sie es, wenn gewisse Voraussetzungen in der nahen Umwelt da wären. Einmal ist da die Grundstimmung der Eltern im Bereich ihrer Gefühle: Reagieren sie empfindsam auf andere, können sie sich einfühlen und besitzen eine entwickelte Kultur der Gefühle. Dann wäre es doch denkbar, daß ein Kind ganz ohne Schwierigkeit seine Empfindsamkeit darin widerspiegelt und diesen Bereich leben kann. Umgekehrt, wenn Gefühle nur dem eigenen Egobereich dienen und in Negativform auftreten, wie Angst, Haß, Neid, Gier usw., dann ist es ganz wahrscheinlich, daß Eltern die Empfindsamkeit ihres Kindes verletzen und so lange niederschlagen, bis das Kind diesbezüglich das Niveau der Eltern erreicht hat. Ich glaube, daß ein Mensch, der auf solcher, sagen wir Primitivstufe der Gefühlsentwicklung steht, auch große Ängste entwickeln muß, sobald er mit einer höher entwickelten Stufe konfrontiert wird. Dies läßt sichtbar werden, daß ein starker Mangel besteht, und das möchte keiner gerne wahrhaben und schon gar nicht ändern. Der Aufwand wäre viel zu groß, und so ist es einfacher zu leben. Daß man dabei auch immer wieder ‚Leben' erschlagen muß, wird verdrängt." –

„Zusammenfassend könnten wir somit sagen: Die Qualität des Lebens ist abhängig davon, wieviel Leben wir durch die Qualität unserer Gefühlsentwicklung in unsere Welt einlassen können." –

„Ja, Ganymed. Die ist ja wirklich, so weit wir blicken können, sträflich vernachlässigt worden. Im vergangenen Jahrhundert ist wohl bemerkt worden, daß es formende Gefühlswelten gibt. Die Psychologie versucht den fehlgeleiteten Gefühlen nachzugehen und sucht die Verletzungen in der Kindheit. Doch das Problem liegt viel, viel tiefer. Bisher ist doch gar nicht wirklich klar geworden, daß der weitaus kraftvollere Teil des Universums, der alles Leben hervorbringt, kaum oder nur in geringster Weise dem menschlichen Geschöpf ins Bewußtsein gedrungen ist. Sonst hätte man doch versucht, die Welt der Gefühle so stark zu bilden und zu sensibilisieren, daß eine Wahrnehmung dieser Kräfte möglich wird, um dem Menschen durch sie ein lebenswerteres Dasein erwachsen zu lassen. Statt dessen baut man aus Angst Atombomben, um Menschen massenhaft vernichten zu können und auch damit drohen zu können. Das, was wir tatsächlich an ‚Leben' entwickeln sollten, hat vermutlich einen viel tieferen Sinn und eine viel tiefere Auswirkung, als das ständige Kinderkriegen, das von der Kirche so betont wird. Die Vermehrung der Menschheit wird auf dieser Erde die einzige Auswirkung haben, daß es eines Tages keinen Platz mehr gibt und sich die Menschen immer mehr gegenseitig abschlachten wollen. Die Qualität des Lebens wird so nicht besser werden. Qualität kann nur im Menschen selber wachsen." –

„Erst einmal müßten wieder Wurzeln in der Erde gesucht werden, damit formendes Leben in uns eindringen kann. Das heißt, wir müssen unsere Gefühle in Liebe zu allen Geschöpfen wachsen lassen, in Demut vor der Schöpfung, im Mitleiden und in Bewunderung. Gehen wir dem Leben nicht aus dem Weg, verlieren wir uns nicht in Asylen, sondern erleiden wir mit vollem Gefühl diese Welt, so entsteht eine Art Prisma in uns, das das Licht spaltet und sichtbar macht. So können wir auch Kreativität erklären."

Liebe

„Ganymed, was denkst du über die Liebe?" –
„Es wäre wunderbar, wenn es sie gäbe!" –
„Aber es gibt sie doch, immer wird darüber gesprochen, gesungen und geschrieben." –

„Am meisten wird immer davon geredet, was man gar nicht hat. Es wird gewünscht. Und darum wird so viel darüber geredet." –
„Aber immerhin gibt es eine Vorstellung davon, und zwar eine äußerst angenehme. Sie würde sonst nicht so herbeigesehnt." –
„Dann versuchen wir doch mal, dem auf die Spur zu kommen. Gehen wir nicht von den erhabenen Vorstellungen aus, die wir aus dem religiösen Bereich kennen. Sehen wir ins ganz Alltägliche hinein. Da spielt Sex als eine Form der Liebe eine große Rolle." –
„Nichts gegen Sex. Er ist jedenfalls recht angenehm. Wohl liegt die Vermutung nahe, daß da die Hormone eine größere Rolle spielen als Liebe. Es geht um körperliche Befriedigung." –
„Aber Christine, das ist doch auch ein Gefühl, du willst doch nicht behaupten, daß Sex eine intellektuelle Vorstellung ist." –
„Nein, aber ich glaube eher, daß Sex ein Gefühl ist, das sich in die Liebe einbetten kann. Denn wenn ich von anderen Gefühlen im körperlichen Bereich ausgehe, kann ich doch wahrhaftig nicht von Liebe ausgehen, zum Beispiel Hunger oder Durst stillen, bei heißem Wetter ins kalte Wasser springen, mich ins kuschelige Bett legen, wenn ich müde bin. Dies sind alles sehr angenehme Gefühle, aber haben mit Liebe nichts zu tun, sondern mit Erfüllung von Bedürfnissen." –
„Aber Liebe ist doch ein Bedürfnis, alle möchten sie haben." –
„Ich glaube, daß da der ganz große Haken liegt. Liebe ist für die meisten Menschen tatsächlich der Wunsch nach Bedürfnisbefriedigung. Und das wird gewöhnlich immer vom Partner bzw. von der Partnerin erwartet. Da beginnen dann die Schwierigkeiten. Nimm das mal bildlich, z. B. wenn beide vom jeweils anderen Partner auf den Händen getragen werden wollen." –
„Sehr komisch. Du vergißt, daß das im Idealfall tatsächlich möglich ist, daß einer den anderen mitträgt." –
„Das stimmt schon, wenn die Voraussetzung vorhanden ist, daß beide es wollen und können. Das setzt aber doch auch voraus, daß nicht Egoismus die Triebfeder ist, sondern das Einfühlen und die volle Anerkennung des anderen. Im Alltag sieht es

gewöhnlich anders aus. Wünsche und Ansprüche sind konträr zu denen des Partners. Sehr viele Menschen haben nämlich eine ganz bestimmte Vorstellung, wie der Partner zu sein hat. Und wehe er ist nicht so. Das erlebt man doch tagtäglich, schon in der primitivsten Form. Plötzlich wird erkannt: Er hat einen zu kleinen Kopf und wenig Haare. Sie hat zu dicke Beine und vielleicht wäre blond doch hübscher, usw. Habe ich alles schon gehört. Es werden Erwartungen gestellt, die der andere mit dem besten Willen nicht erbringen kann, weil diese einen ganz anderen Menschen voraussetzen. Kurzum, der andere entspricht nicht mehr den doch so idealen Vorstellungen, die man so gehegt und gepflegt hat. Dann ist nach einiger Zeit von ‚Liebe' keine Spur mehr, und der eine macht den anderen dafür verantwortlich." –

„Ich kenne aber auch ganz andere Fälle. Nämlich, wo sich Partner ergänzen und auch gemeinsame Wünsche und Ziele haben. Was glaubst du, wie es zu dieser viel angenehmeren Form des Zusammenlebens kommt?" –

„Ich denke schon, daß man von einer Vorstellung, wie Liebe sein sollte, ausgehen muß. Die Frage könnte eher lauten, wie weit ist es mir möglich, einer diesbezüglichen Vorstellung gerecht zu werden. Gehen wir da noch mal von den Wünschen aus, die an den anderen Menschen gestellt werden. Da kommt die Frage: Warum will ich den Partner ändern, warum paßt er mir so nicht? Liebe beinhaltet ja ein Annehmen des anderen. Warum kann ich das nicht? Das hängt doch mit meiner eigenen Entwicklung zusammen. Warum mag ich dieses und das andere nicht? Warum reagiere ich darauf so heftig und wird es mir zum ständigen Ärgernis? Das alles sind persönliche Ecken und Kanten, an denen der gute Wille zur Liebe scheitert. Und wenn schließlich Wut und Haß aufkommt, muß man doch sagen, von Liebe war nie etwas da, sondern nur der egoistische Wunsch, der andere Mensch müsse sich für die eigenen Wünsche und Vorstellungen aufgeben. Es gibt auch einen erklärenden Aspekt. Die allermeisten Menschen können ohne Partner nicht sein.

Irgendwie brauchen sie den anderen wegen ihrer Unvollständigkeit. Sie fühlen sich alleine mangelhaft und versuchen, den Mangel durch den anderen Menschen aufzuheben. Letzten Endes ist das ein Benutzen des anderen. Und das Benutzen anderer Menschen für seine eigene Minderwertigkeit ist genau das Gegenteil von Liebe. So gesehen, ist Liebe zwischen Menschen nur dann möglich, wenn die wirkliche innere Ganzheit entwickelt wurde. Denn anscheinend ist erst dann die Möglichkeit vorhanden, sich am ganz anderen zu erfreuen, es mit Lust und Anerkennung zu sehen, und das, weil so nicht mehr erwartet wird, daß der andere eigene Mängel ausfüllt." –
„Und wie stellst du dir eine solche Ganzwerdung vor? Wir haben nachgedacht über die gestanzte Walze. Nun sind wir wieder am gleichen Punkt angelangt." –
„Ja, da sind wir wohl wieder: beim gesamten Komplex der Gefühle. Vielleicht sollten wir ihn nochmals durchgehen und die Negativgefühle besser untersuchen. So, wie es Licht und Dunkelheit gibt, sind ja Gefühle auch konträr aufgebaut. Wenn Gefühle verletzt werden, dann kehren sie sich um in Wut und Aggression oder Trauer und Angst. Wut und Aggression wird man eher bei kämpferisch und aktiv veranlagten Menschen finden, Trauer und Angst bei den introvertierten. Das kann auch wechseln, je nachdem in welcher Phase oder Stimmung ein Mensch gerade ist. Wird die Menge der Verletzungen stark, müssen Auswege gesucht werden, denn kein Lebewesen kann das auf Dauer ertragen." –
„Sichten wir die möglichen Auswege, soweit wir das können. Abtöten aller Gefühle, eiskalt werden wäre einer. Ein anderer wäre, in tiefe Schwermut zu fallen und sich selber zu zerstören, innerlich wie äußerlich – auch durch Drogen. Man könnte bösartig werden und mit List und Häme wiederum andere kränken und zerstören. Oder man greift direkt brutal an, sucht sich schwarze Schafe, die man dann aus guten Gründen vernichten muß, da sie Schädlinge der Gesellschaft sind." –

„Fest steht, gemacht sind wir alle aus dem gleichen Stoff. Jeder hat alle Möglichkeiten in sich. Wir alle sind so lange Behinderte, wie wir uns sträuben, den göttlichen Strom in uns einzulassen. Doch dazu müssen Voraussetzungen geschaffen werden. Um das noch einmal klar zu machen: Die gesamte Gefühlswelt muß sensibilisiert und in hoher Form kultiviert werden, um diese göttlichen Kräfte wahrnehmen zu können und uns von ihnen in ein völlig neues Dasein formen zu lassen. Ich meine, es ist doch auch eine ganz neue Art von Abenteuer, sich darauf einzulassen. Mit Sicherheit benötigt man all die Ablenkungen und die immer stärker werdenden Reize im Triebbereich nicht mehr, um Lust empfinden zu können. Das Universum würde viel weiter und tiefer sichtbar werden, weil es sich in uns selber weiten und leben könnte." –

Zeit

„Christine, du weißt aber genau, daß dieser Weg ein langer und schwerer Weg ist. Wie sollte man denn die Menschheit dazu bringen können, eine solche Richtung einzuschlagen? Das ist doch Illusion!" –
„Und wie lange hatte der Mensch den Wunsch fliegen zu können? War das keine Illusion? Und hat er es etwa nicht geschafft? Gut, ich weiß, das ist eine Vereinfachung. Ich will versuchen Erklärungen zu finden. Stell dir die Situation vor im zweiten Weltkrieg. Da standen die Leute in Ostdeutschland ziemlich plötzlich vor der Entscheidung, entweder wir verlassen Haus und Hof und uns bleibt nichts mehr, oder wir werden umgebracht und dann ist keine Chance zum Leben mehr da. Plötzlich kam das über sie, weil sie auf Hitler vertrauend an den Endsieg geglaubt hatten. Das könnte man in etwa auf unsere heutige Situation übertragen. Wer hat schon damit gerechnet, daß der Geist, den wir gepäppelt und geschult haben, uns eines Tages vernichten könnte. Aber an dem Punkt stehen wir. Ein Auszug

aus unserer so starren Gewordenheit ist nötig, ein Auszug aus der Welt der Götter, die wir geschaffen haben: das altehrwürdige goldene Kalb – Geld scheint ja inzwischen das höchste „Kulturgut" zu sein –, die Gier alles haben und alles erleben zu wollen, die harte Egozentrik, die andere nicht leben lassen kann, Intoleranz, Kriege führen, Menschen umbringen, um engstirnige Ideologien durchzusetzen oder um Beute, Geld und Land zu erlangen. Menschen werden benutzt, versklavt und ausgebeutet, ebenso Erde, Pflanzen und Tiere. Da ist die Sucht, die einen falschen Himmel verspricht, doch nur zerstört. Nicht zuletzt ist die Machtausübung zu nennen, alles beherrschen zu wollen, alles in den Griff kriegen zu wollen, um wiederum ausbeuten zu können und seine eigenen Ängste zu verringern." –
„Ja, glaubst du denn wirklich, daß die Masse der Menschen auch nur im allergeringsten dazu zu bewegen ist? Das ist doch absolut unrealistisch. Das weißt du auch. Wenn man bedenkt, wie schwer es Menschen fällt, in sich auch nur das allergeringste zu ändern, z. B. Freßlust aufzugeben, obwohl der Wunsch stark ist, schlank und hübsch auszusehen. Oder man müßte mit Drogen wie Rauchen und Alkohol aufhören, weil man krank ist und doch gerne weiterleben möchte, und kann es doch nicht. Die starre Gewohnheit und die Begierde, einen unhaltbaren Zustand kurzfristig zu betäuben, läßt kaum Änderung zu. Es sei denn, ein Mensch besitzt sehr starke Willenskräfte, doch das ist wohl seltener der Fall. Sicher gibt es Menschen, die eine bessere Zukunft der Menschheit wünschen. Doch das sind diejenigen, die ohnehin nachdenken und Sensibilität besitzen." –
„Ganymed, sicher hast du Recht, aber wo bleiben wir, wenn wir keine neuen Wege mehr suchen, nur weil der Glaube am Alltag zerbricht. Ich denke, der Mut zum Glauben muß wachsen. Und Wege kann man finden. Es gibt doch die Hoffnung der Zeit." –
„Die Zeit ja, aber bedenke, wie kurz wir leben. Eigentlich leben wir Menschen nur ein paar Atemzüge lang im Vergleich zur Gesamtgeschichte unserer Erde. Wie schnell vergeht ein Leben. Jeder möchte es doch so gut und so schön leben, wie es irgend

möglich ist. Daß es in den meisten Fällen scheitert, ist dann ohnehin schon so frustrierend, daß zusätzliches Bemühen nicht gefragt ist." –

„Ja, so gesehen stimmt es schon. Zeit kann sich auch endlos hinziehen. Wenn wir starke Schmerzen haben, seelische oder körperliche, können Minuten zur Ewigkeit werden, oder auch, wenn wir auf etwas warten und sehnlichst herbeiwünschen. Glückliche Stunden vergehen wie im Flug und lassen sich nicht fangen. Für mich ist Zeit etwas Seltsames. Sie läßt sich gar nicht so regeln, wie der Mensch es mit seinen rationalen Versuchen möchte. Sie läßt sich in Wirklichkeit nicht einfangen durch Uhren, Kalender und sonstige Einteilungen. Das sind menschliche Möglichkeiten, der Zeit Herr zu werden, sie zu sichten und zu nutzen." –

„Gut, das sind deine Überlegungen, doch die bringen unser Gespräch nicht weiter." –

„Überlegen wir, was Kinder in der Schule lernen. Es sind die kognitiven Fähigkeiten, die vor allem gefördert werden. Und da spielen die Noten eine große Rolle. Es wächst der Ehrgeiz, besser zu sein als der andere, rein aus Konkurrenzneid. Auch die Angst vor der Zukunft macht schon aggressiv. Denn der Beste hat die besten Chancen. Bei der Erziehung von Kindern müßte gleich von Anbeginn der Gefühlsbereich im Mittelpunkt stehen. Da wäre der erste Schritt getan und das Umdenken gar nicht so schwierig." –

„Ja, das leuchtet ein. In der Schule und im Kindergarten kann man Lernprogramme und Methodik ändern. Die Kinder wachsen jedoch zu Hause auf. Und da kann sehr viel Spannung zwischen dem Lernprogramm und dem Willen der Eltern auftreten. Es werden wohl auch Gespräche zwischen Schule und Eltern geführt, auch werden Schulpsychologen eingesetzt. Aber wie viele Eltern reagieren entsetzt, beleidigt und wütend, wenn sie verdächtigt werden, am Fehlverhalten ihres Kindes mitschuldig zu sein. Das einzusehen, ist für die meisten Erwachsenen unerträglich." –

„Hinführen zu einem Erziehungsstil, der für ein Kind fruchtbar ist, kann doch in verschiedenster Weise versucht werden. Da allerdings sind auch die Medien in jeder Weise angesprochen. Medien haben eine gewaltige Macht über Menschen. Das wird heute in einer Form genutzt, die im weiten Maße kommerzielle Ausrichtung hat. Würde in diesem gesamten Bereich ein Umdenken stattfinden, es könnte viel Gutes getan werden. Wenn bedacht wird, wie abhängig die meisten Menschen von dem sind, was sie täglich hören und sehen, ist klar, wie groß formende Einübung ist. Ich denke, daß eine solche Machtausübung nicht allein von den Medien bestimmt werden darf. Sondern da sollten Menschen mit ethischem und psychologischem Wissen mitwirken können." –
„Es gibt auch in anderen Bereichen Kontrollen und Richtlinien, z. B. beim Bauen. Da muß die Statik stimmen, die Bauweise wird vorgeschrieben und Handwerker müssen sich an ihre Innungsverpflichtungen halten, sonst können sie für schlechte Arbeiten belangt werden. Es sollte wirklich nachgedacht werden, was wir uns noch alles an Trivialem, Angstmachendem und Aggressionsauslösendem leisten können. Wie viele falsche Ideale und Götter dürfen als Vorbild in Gehirne eingehämmert werden?" –
„Ich finde auch, daß in der Erziehung von Kindern viel mehr auf deren verschiedene Begabungen und Fähigkeiten eingegangen werden muß. Die Schule dürfte nie mehr zur Qual werden, sondern sollte zum Selbstbewußtsein eines Kindes beitragen. Das heißt auch, handwerkliche Fähigkeiten in den verschiedensten Bereichen zu schulen und die kognitiven Fähigkeiten an die zweite Stelle zu rücken. Wenn Freude an der Arbeit vorhanden ist, wird auch das Lernen leicht. Nur Wege dazu muß man finden. Anstelle der erdrückenden Bewertung, sollte die Hilfestellung stehen. Auch wäre es wichtig, von Grund auf soziales Verhalten einzuüben. Das ist möglich über Vorbilder oder über gemeinsame Spiele, die keinen Wettkampf und keine Siegerziele, sondern ein freundliches Miteinander zum Ziel haben. Es gibt

im erzieherischen Bereich viele Formen, durch die mitmenschliche Fähigkeiten als Vorbild und wünschenswerte Eigenschaften gefördert werden können." –
„So kann ich mir vorstellen, daß man langsam, von Generation zu Generation, ein anderes Bewußtsein aufbauen könnte. Das dauert seine Zeit. Die meisten Menschen wollen jedoch die Ergebnisse sofort sehen." –
„Ergebnisse lassen sich nicht hervorzaubern. Sie müssen, sollen sie wirklich tragen, wachsen. Ziele sind wichtig. Auf ein Ziel hinzuarbeiten, auch wenn es lange Zeit braucht, aktiviert die Kräfte. Auf einem solchen Weg findet sich auch immer wieder die Freude am momentanen Fortschritt und am Tun selbst." –

Schmerz und Tod

„Christine, wir wollten auch über Schmerz und Tod reden. Beides wird gerne verdrängt. Etwas, das keine Lust macht, möchte man aus dem Bewußtsein ausklammern." –
„Über alles zu reden, was schmerzen kann, ist sehr schwer, Ganymed. Ich fürchte, da kommt man gar nicht mehr ans Ende. Das ist so vielfältig, wie die Skala der Empfindungen: von tiefster Erschütterung bis zum ganz oberflächlichen Schmerz. Eine verwöhnte Frau schmerzt schon ein Kleid, das sie nicht bekommen kann, einen Gierigen jede Abstinenz. Ein Kind kann heftig schluchzen, wenn ein geliebtes Spielzeug zerbricht oder wenn es seinen Willen nicht durchsetzen kann. Eigentlich bereitet alles Schmerz, was man verlassen oder entbehren muß." –
„Damit hängt vielleicht auch zusammen, daß der Mensch sich so heftig an seine Gewohnheiten klammert." –
„Obwohl ich da glaube, daß solche Gewohnheiten eine bestimmte Sicherheit vermitteln. Man hat etwas, woran man sich festhalten kann. Um so schwieriger und schmerzhafter ist dann auch ein Abgewöhnen. Das, meine ich, kann man auch mit zu

den oberflächlichen Schmerzen zählen. Denn ein tiefer Schmerz erschüttert." –
„Das Verlassen einer liebgewordenen Gewohnheit hat doch auch Erschütterung eine Folge. Wie tief die ist, kommt natürlich auf die Gefühle an, die daran gebunden sind. Doch sehe ich eine solche Erschütterung als etwas Positives. Da können auch Verfilzungen aufbrechen und Kräfte frei werden." –
„Und wie sieht das beim ganz tiefen Schmerz aus? Sagen wir mal, beim Verlust eines geliebten Menschen, beim Verlust jeglichen Haltes, wenn der Boden unter den Füßen weggerissen wird. Da können tiefste Erschütterungen stattfinden, die wie Erdbeben alles verwüsten. Siehst du darin auch noch Positives?" –
„In solch einer Situation kann wohl gesagt werden, daß ein Mensch nicht nur geschlagen, sondern auch erschlagen wird. In einem solchen Erschlagensein will ein Mensch auch nicht mehr leben, da kommt ihm der Tod wie eine Gnade vor. So schrecklich wie das ist, so wenig wissen wir jedoch, welche Auswirkungen es letztlich auf den Menschen hat und ob nicht daraus ganz andere Möglichkeiten wirksam werden können." –
„Das wäre ein Tod, den wir bei lebendigem Leibe erleben können. Ein ganz anderer Tod zu Lebzeiten ist die Erstarrung im geistigen sowie im seelischen Gefühlsbereich, wenn eine Eiszeit über den Menschen kommt und ihn zum totalen Roboter werden läßt. Da kann nichts mehr erschüttern." –
„Es ist auch ein Asyl, in das ein Mensch flüchten kann, um jeglichem Schmerz aus dem Wege zu gehen. Denken wir an die Liebe. Sie findet dann ihren Ausdruck, wenn sie sich einfühlen kann. Einfühlen verlangt auch den Schmerz, mitleiden und verstehen zu können." –
„Das ist wieder ein anderer Schmerz. Und wenn ein Weg zu solchem Mitleiden nicht erschüttern würde, müßten wir an der Echtheit des Gefühls zweifeln. Wirklich empfundener Schmerz erschüttert immer. Und wenn du sagst, Erschütterung kann

positiv sein, weil Verfilzungen aufgebrochen werden, sollten wir genauer hinsehen, was durch Erschütterung zerstört wird." –
„Zerstört wird das, was in unserem Bewußtsein vorhanden ist, was wir leben und wahrnehmen, also unser Lebensgebäude oder unsere Lebensmelodie." –
„Und was geschieht im Unterbewußtsein, das wir nicht wahrnehmen aber ebenso vorhanden ist?" –
„Bleiben wir erst einmal bei dem, was wir Bewußtsein nennen. Es ist all das, was seit der Geburt den Menschen geprägt hat. Natürlich kommt ein Kind auch schon mit Prägungen zur Welt. Aber das stellen wir mal beiseite. Geformt worden sind wir von Eltern, Geschwistern und anderen Nahestehenden, von dem äußeren Rahmen, in dem eine Familie lebt, vom Geist der darin herrscht, von der Atmosphäre, die den Ton angibt, und von Ereignissen, die von außen in diese vorgeprägte Familiensituation einbrechen." –
„Das ist ein guter Ausgangspunkt, Ganymed. Nehmen wir zwei ganz verschiedene Möglichkeiten. Eine sehr positive Situation und Prägung sowie das Gegenteil davon. Beginnen wir bei einem Kind, das in eine sehr liebevolle Familie hineingeboren wurde. Die geistig-seelische Stimmung ist optimal. Das Kind hat alle Möglichkeiten, sich zu entfalten. Soziales Verhalten steht im Vordergrund, also ein absolut günstiges Klima, eine Idealvorstellung. Was vermutest du, wie ein so aufgewachsener Mensch auf schweres Leid reagiert? Was wird da im Menschen zerbrochen?" –
„Da bin ich überfragt, weil ich selber eine solche Situation nicht kenne. Wenn ich meine Phantasie zu Hilfe nehme, könnte es vielleicht erst einmal die heile Welt sein, die aufgerissen wird. Ja, und damit fühlt man, daß das Leben auch eine sehr schmerzhafte Seite haben kann. Dies ist ein Wissen, das erst so möglich wird. Aber vielleicht ist es auch ein Mensch, der ohnehin mitleiden kann, weil er sehr sensibel alle Stimmungen spürt, und so auch Schmerzen anderer Menschen, Tiere, Pflanzen und im Weltgeschehen wahrnimmt. Im letzteren Fall wäre es ein

Mensch, der um die Zwiespältigkeit unserer Welt weiß und Schmerz als einen Teil des Lebens annehmen und tragen kann, weil er selbst ein tragendes Fundament erhalten hat." –
„Das ist eine wunderschöne Vorstellung, eine absolut wünschenswerte, ein Beispiel dafür, daß liebevolles Miteinander tragen kann, auch im Leid. Denn das Leid gehört für uns nun einmal zum Leben. Weißt du, auch wenn man selber solche Erfahrungen nie erlebt hat, so denke ich, müßte es sie geben können, weil sie vorstellbar sind." –
„Gehen wir noch mal zurück zu dem, was wir anfänglich besprochen haben: über die Entfaltung unserer Gefühlswelt, um den Geist Gottes wahrnehmen zu können. Es wäre vorstellbar, wenn das in hohem Maße entfaltet und wahrgenommen wird und wir uns von diesem Geiste führen lassen, daß solch eine Situation von tragender Substanz sich im Menschen aufbaut." –
„Ja, das ist ganz sicher, ich weiß es. Ich weiß noch mehr. Oft schon habe ich darüber nachgedacht, was aus mir geworden wäre, hätte meine Familie, die ja keine guten Voraussetzungen bieten konnte, mich ganz angenommen. Ich weiß es heute. Ich hätte auf dieser Familienwalze genau das gleiche Lied weitergesungen und auch weitergegeben. Doch dadurch, daß ich abgelehnt wurde und so in Opposition zur Familie stand, konnte ich unterscheiden lernen. Ich konnte den Aufbau wahrnehmen und Gut und Böse sehen. Es fand von Anbeginn eine Trennung von der Familie statt. Bezahlen mußte ich mit großen Schmerzen, sozusagen bis zum Ende, bis die gesamte Familienstruktur in mir zerbrach. Damit war ich abgenabelt und konnte mich in meiner Eigenart entfalten, ein neues Leben beginnen." –
„Stellen wir uns vor, du hättest dies vor deiner Geburt entscheiden können, mit allem Wissen, was auf dich zukommt. Hättest du ein solches Leben freiwillig auf dich genommen?" –
„Nein, das glaube ich nicht. Zumal ein Kind so schrecklich hilflos und ausgeliefert ist. Was ich dazu sagen kann ist: Ich bin heute sehr glücklich, diesen Weg geschafft zu haben. Er hat mir unendlich viel Erkenntnisse gebracht, die so wahrhaftig und

geerdet sind, daß sie sich zu einem wirklich tragenden Fundament geballt haben." –

„Wir könnten also zusammenfassend sagen, daß ein Herausgeborenwerden aus unguter Verhaftung und Gewordenheit sehr schmerzhaft ist, weitaus schmerzhafter als die Geburt eines Kindes, aber daß schließlich das Wunder über den Schmerz siegt." –

„Ja, Ganymed, so ist das wohl." –

„Denken wir an den Tod. Er hat für die Menschen sehr verschiedene Gesichter. Für dich war er ein Freund und Wegbegleiter. Für die allermeisten Menschen ist er eine Horrorvorstellung. Wie können wir uns das erklären?"

„Das mag erst einmal darin liegen, daß der Mensch immer erst sehr vordergründig sieht. Etwas weiter hinter die Dinge zu schauen, ist weniger üblich. Beim Tod eines Klassenkameraden hörte ich, wie die Schüler untereinander sagten: ‚Jetzt liegt Karl-Heinz in der Kiste und dann fressen ihn die Würmer auf.' So wird das Sterben wohl von vielen gesehen, eben weil es sichtbare Realität ist." –

„Aber die meisten Menschen gehören doch einer Religion an, und da sind sie doch eines Besseren belehrt worden." –

„Ja schon, doch das ist so schwer vorstellbar. Noch vor Jahrhunderten wähnte man Gott im Himmel, weit über den Wolken sitzend. Das konnten Menschen noch glauben, auch, daß sie da oben in den Himmel kommen. Das ist zwar eine sehr komische Vorstellung, aber sie war einmal vorhanden. Das kann kein Heutiger mehr glauben. Was diesbezüglich heute vermittelt wird, weiß ich nicht, doch muß es wohl ziemlich unverständlich für die meisten Menschen sein." –

„Heute glauben die Menschen an Realitäten und wägen ab, welche davon für sie die besten zum Leben sind oder was sie auf gar keinen Fall wollen. Es werden die irdischen Götter umtanzt und umjubelt. Und das wird der Menschheit zur Katastrophe. An ein Leben nach dem Tode wird sicherlich nicht mehr oft geglaubt. Christine, wie stellst du dir den Tod vor?" –

„So ähnlich, wie den Tod bei Lebzeiten, den wir besprochen haben. Ich meine das Sterben aus den Gewordenheiten. Das Heraussterben aus allen Asylen und Maskeraden, auch aus aller Ichbezogenheit. Das ist ein Tod zum Leben hin. Bleiben kann nur die Seele. Im Tod ist sie nackt und Gott kann in sie eindringen." –

„Ja, und dann?" –

„Da kann ich nur damit antworten, was ich erlebt habe. Ich wurde neu geboren, bekam vorübergehend Mutter und Vater als Hilfen zu einem neuen, selbständigen Lebensaufbau. Auch wurde ich fortan von innen her geführt. Mein Leben war auch dann nicht eitel Sonnenschein, aber es war ein ständiger Aufbau an Substanz. Es ist die Frage, ob auf dieser unserer Erde in ihrem jetzigen Zustand überhaupt möglich ist, wirklich glücklich zu leben. Zumindest geht das nicht auf Dauer und auch nur wenn der Mensch ein Himmelreich in sich selbst zuläßt. Aber auch dann leidet er an dieser Welt!" –

„Siehst du den Tod als einen Übergang?" –

„Ja. Wir gehen abends schlafen und wachen morgens wieder auf. Die Natur schläft im Winter auch und sammelt so Kraft fürs Frühjahr. Wenn man will, kann man es so sehen. Aber das alles bleibt beim Glauben, denn so weit kann kein Mensch sehen, und ich denke mir, daß es auch gut so ist. Je mehr ein Mensch die Möglichkeit entwickelt hat den Kraftstrom Gottes aufzunehmen, um so weiter kann er auch sehen. Es gibt noch einen anderen Aspekt, der vielleicht etwas Sicht geben könnte. Alle Körper bestehen aus Strahlen, wie die Farben. Mit unserem Gehirn sehen wir nur die festen Körper, die eine bestimmte Dichte an Strahlen besitzen. Wir wissen jedoch, daß es unsichtbare Körper gibt, wie z. B. Strom. Er wird in gewisser Weise sichtbar durch Reibung. Wir gebrauchen ihn tagtäglich, unentwegt und bis jetzt fließt er uns aus dem Weltall ununterbrochen zu. Auch die Atomkräfte haben wir wie Geister aus dem All gerufen. Wer weiß, wenn wir im Tod unsere festen Körper verlieren, sind wir vermutlich auch unsichtbare Kräfte, die zwar vorhanden sind, aber nicht sichtbar gemacht werden können. Das All ist so ungeheuer groß. Trotz aller Wissenschaft sehen wir doch nur einen ganz winzigen, an der äußersten Oberfläche befindlichen Teil." –

„Es ist ja auch klar, daß wir unser Leben aus einer Kraft haben, die für uns nicht sichtbar ist, aber unsere Welt lebt trotzdem. Kein Mensch ist in der Lage, aus seinem Geist Leben zu schaffen. Das ist uns nur gegeben über die sexuelle Fruchtbarkeit." –

„Das Universum ist so gewaltig groß, für mich ist es gut vorstellbar, daß es viele Welten unterschiedlichster Art gibt, auf denen Wesen verschiedenster Entwicklungsstufen leben. Vermutlich auch solche, die weit über dem Menschen stehen. Auf unsere Welt zurückzukommen, wäre für mich eine Horrorvorstellung. Ich kann mir sehr viel schönere Welten vorstellen, die nicht durch Hab- und Machtsucht voller Haß zerstört werden, sondern wo es in Bewunderung und Liebe ein Zusammenfinden aller Wesenheiten gibt." –

„Doch die meisten Menschen finden das Leben auf unserer Erde so schön, daß sie ihr Leben immerzu verlängern oder am liebsten überhaupt nicht sterben möchten." –

„Es mangelt eben an Phantasie und Glauben, an Glauben daran, daß der Mensch mitwirken kann an seinem Glück, wenn er die Voraussetzungen schafft. Auch fehlt der Glaube an die göttliche Kraft, eben weil sie durch Mangel an Möglichkeiten im Menschen selber nicht sichtbar werden kann." –

„Wir können nur hoffen, daß sich mehr und mehr Menschen zusammenfinden, die in Liebe zur Schöpfung Wege suchen und finden. Wo Kräfte sich ballen, sind auch Wirkungen möglich. Laß uns wünschen und hoffen, daß Menschen begreifen, daß sie ihr eigenes Schicksal sind." –

„Ich glaube, daß wir Menschen alle gemeinsam so am Menschenbild arbeiten, wie viele Menschen gemeinsam einen Dom gebaut haben. Wenn wir wirklich die Aufgabe haben, ein Menschenbild zu Gott hin zu schöpfen, wie unendlich weit sind wir dann von einer solchen Verwirklichung entfernt. Ich glaube ganz sicher, daß wir dazu berufen sind. Wir können wirklich nur hoffen, daß der Mensch nicht vergißt, wozu Gott ihn geschaffen hat. Und das sehe ich auch so: Der Mensch ist sein eigenes Schicksal, er hat es in der Hand." –

Nachwort

Über Erfahrung, die wir auf dem Wege der Sensibilisierung der Gefühle in großem Maße erhalten, erreichen wir auch einen entsprechend größeren Bewußtseinsgrad. Ein Haus ohne Fenster läßt kein Licht herein. Bewußtsein ist wie ein Fenster. Je größer es wird, um so mehr Licht läßt es werden.
Wenn wir lernen könnten, unsere aggressiven Kräfte positiv umzupolen, könnten wir sie einsetzen, um solche Fensterlöcher in unsere Dunkelheit zu schlagen und Lichtströme einzulassen, um die Asyle aufzubrechen, in denen wir vermodern. Wir könnten die gewonnenen Kräfte einsetzen, die Energie werden zu lassen, uns ins Leben hineinzugeben, ohne uns an allem Möglichen festhalten zu müssen. Wir könnten den Mut aufbringen, Fehler zu machen und schuldig zu werden. Wir können nicht sehend werden, wenn wir nicht die Zwiespältigkeit des Lebens annehmen und uns dieser gefährlichsten aller Gradwanderungen stellen. Wagen wir den Weg, kommen auch Hilfen auf uns zu. Wir nehmen auch Signale auf. Doch es kann sein, daß ein langer, dunkler Weg vor uns liegt, den wir alleine gehen müssen, um ans Licht zu gelangen. Es müssen sich oft erst bestimmte Seelenanteile aufschließen und gestärkt werden. Das ist wie bei einem Muskel, der erst aufgebaut wird, um Leistungen zu erbringen.
Es ist kaum vorstellbar, daß die ungeheuren kosmischen Kräfte, die waltend das All zusammenhalten, uns vor gewaltiger Auseinandersetzung mit unserem Dasein auslassen werden. Ich glaube schon, daß diese Kräfte, die lebendige Wesen schaffen, auch Ansprüche an den Menschen stellen, Ansprüche in dem Sinne, sich als werdende Geschöpfe weiter zu entfalten. Eine kleine Raupe schafft es auch, sich in einen Schmetterling zu verwandeln. Sie hat die Möglichkeit gefunden. Kräfte, die der Mensch ins All wirkt, werden ihn auch einholen. Sie gehen

nicht verloren, im Guten wie im Bösen. Es ist Zeit, sich all dessen bewußt zu werden. Es ist Zeit, eine grundlegende Wandlung vorzunehmen.

Unsere Erde ist nicht als Schlachtfeld gedacht und der Mensch nicht als Schlächter in jeglichem Sinne. Unsere Erde und der Mensch darauf sind zu anderen Zielen hin erschaffen worden. Auf Dauer werden wir uns kaum noch leisten können, Propheten zu kreuzigen und zu töten. Christus hat uns vorgelebt, wie der Mensch durch sein Lebenskreuz und die Entwicklung der Gefühle zum Verstehen und zur Liebe hin „auferstehen" kann. Unter Lebenskreuz verstehe ich den Zwiespalt zwischen Gut und Böse, zwischen Licht und Dunkelheit, Himmel und Hölle. Diesem Kreuz sind wir alle unterworfen. Wir haben nur die Wahl zwischen diesen beiden Extremen. Wollen wir den Himmel, so bleibt uns nichts anderes übrig, als das Böse in uns zu erlösen und es als Humus für das Gute umzugestalten. Nur so können wir aus der Dunkelheit zum Licht gelangen.